中国十大茶叶区域公用品牌之

都匀毛尖

陈跃华　刘世杰·著

中国农业出版社·北京

图书在版编目（CIP）数据

中国十大茶叶区域公用品牌之都匀毛尖 ／ 陈跃华，刘世杰著. —北京：中国农业出版社，2024.6
　ISBN 978-7-109-31897-7

　Ⅰ.①中…　Ⅱ.①陈…　②刘…　Ⅲ.①绿茶—茶文化—都匀　Ⅳ.①TS971.21

中国国家版本馆CIP数据核字（2024）第076900号

中国十大茶叶区域公用品牌之都匀毛尖
ZHONGGUO SHIDA CHAYE QUYU GONGYONG PINPAI ZHI DUYUN MAOJIAN

中国农业出版社出版
（北京市朝阳区麦子店街 18 号楼）（邮政编码 100125）

责任编辑：姚　佳　王玉水
版式设计：姜　欣　　责任校对：范　琳

北京中科印刷有限公司印刷
新华书店北京发行所发行
2024年6月第1版
2024年6月北京第1次印刷

开本：700mm×1000mm　1/16
印张：11
字数：162千字
定价：88.00元

前　言

　　都匀毛尖茶是以贵州都匀、贵定为核心区，产于黔南多个县市的茶叶的统称，传统上主要指高端绿茶。

　　都匀毛尖茶在历史上又名"雀舌茶""鱼钩茶""白毛尖""细毛尖"等，也有按乡镇地域称为都匀"团山茶""江洲茶""谷江茶""大定茶"，贵定"云雾茶""仰望茶""鸟王茶"和独山"高寨茶"等。

　　都匀毛尖茶采用清明前后数天内长出的一叶或二叶未展开的茶叶片制成，要求叶片细小短薄、嫩绿匀齐。都匀毛尖茶外形细、圆、光、直，多白毫，色泽翠绿，冲后香味持久，滋味浓醇，回甘生津，汤色明亮清澈。都匀毛尖茶的色、香、味、形均有独特个性，其颜色鲜润、干净，香气高雅、清新，味道鲜爽、醇香、回甘，外形匀整、鲜绿有光泽、白毫明显。都匀毛尖茶具有"三绿透黄色"的特色，即干茶色泽绿中带黄、汤色绿中透黄、叶底绿中显黄。成品都匀毛尖茶色泽翠绿、外形匀整、白毫显露、条索卷曲、香气清嫩、滋味鲜浓、回味甘甜、汤色清澈、叶底明亮、芽头肥壮。

　　都匀毛尖茶核心产区位于苗岭山脉中段斗篷山、云雾山、螺丝壳一带海拔 1 200 ～ 1 600 米的区域中，森林覆盖率在 70% 以上，其中都匀、贵定交界的斗篷山一带的森林覆盖率达 90% 以上。产区常年云雾缭绕，使得阳光柔和，这样的光照环境，为都匀毛尖茶独特品质的形成创造了重要的条件。都匀毛尖茶主产区的土壤以 pH 4.5 ～ 6.0 的沙壤和黄壤为主，土壤富含有机质，是茶树生长的乐土。

　　由于海拔相对较高，气候比较凉爽，冬无冻害，夏无热害，对茶叶氨基酸和芳香类物质的生成和积累非常有利，同时相对较低的温度又抑制了茶叶多酚类物质的生成，因此，都匀毛尖茶具有较高的氨基酸含量，适中偏低的茶多酚，品质在全国属于一流水平，口感嫩香持久、鲜爽回甘，这些特质，均得益于黔南得天独厚的茶树生长环境。

　　黔南布依族苗族自治州是目前世界上唯一有实物、有文献、有习俗相互印证的古茶区。

在历史上，都匀毛尖茶长期作为贡茶进献朝廷。汉唐以来，以都匀毛尖茶为正源的黔南茶叶一直作为贡茶进入中原并逐渐在中原地区形成了影响力。

少数民族文化是都匀毛尖茶文化底蕴的主要构成部分，充满着少数民族的生活智慧。都匀毛尖茶的民族文化元素，首先表现在茶叶栽培种植的传说中；其次表现在整个栽培、采制加工的方法、工具、器皿中，它们都来自当地少数民族；最后还表现在浓郁的茶俗中。在黔南，无论是婚丧嫁娶，还是生老病死、接客待物、造房立屋，茶叶都是不可或缺的物品；在一切祭祀活动中，茶叶都是重要的祭品。悠久的栽培、制作历史传统，深厚的民族文化底蕴，使都匀毛尖茶跻身于国家级非物质文化遗产名录，也因此产生了一批都匀毛尖茶非物质文化遗产传人。

新世纪以来，黔南布依族苗族自治州成立了茶叶产业办公室，提出了五大战略和五项措施，组织编写了《都匀毛尖茶》地方标准，启动了都匀毛尖茶原产地域产品保护申报工作，并启动建设百万亩绿茶基地。通过多年来不懈的努力，都匀毛尖茶产业步入了发展的快车道。

截至2022年底，黔南布依族苗族自治州茶园总面积从2007年的16.1万亩[①]发展到161.8万亩，投产茶园面积达120.2万亩；全州实现茶叶产量5.93万吨，实现茶叶产值106.97亿元。都匀毛尖品牌价值达211.49亿元；"三品一标"产地认定545个，获批贵州省首个"国家地理标志保护产品示范区"。在2017年首届中国国际茶叶博览会上荣获农业部"中国十大茶叶区域公用品牌"称号。2022年，都匀毛尖品牌成功入选国家农业品牌精品培育计划，"都匀毛尖茶制作技艺"入选联合国教科文组织"人类非物质文化遗产代表作名录"，是贵州省唯一入选世界人类非遗的代表性项目；"国家都匀毛尖茶生产综合标准化示范区"被国家标准化管理委员会评为"第十一批国家农业标准化示范区项目"，是贵州省唯一入选的茶叶示范区。"都匀毛尖"成为目前黔南布依族苗族自治州唯一进入国家层面的农产品品牌，也是黔南布依族苗族自治州最具发展潜力、最有价值的绿色产业品牌。

编　者

2023年7月

---

① 亩为非法定计量单位，1亩＝1/15公顷，下同。——编者注

目　录

前言

第一章　百年辉煌·····················1

第一节　踏上太平洋万国博览会红毯·····2

第二节　世博会的百年之约·············6

第三节　"双杰"奇缘·················8

第四节　舌尖上的"革命"············11

【延伸阅读】海葩苗传奇·············14

【延伸阅读】"茶与鸦片的贸易战争"···16

第二章　天地英华·················**19**

第一节　生命的婴啼················20

第二节　喀斯特森林物语·············22

第三节　"先春抽出黄金芽"···········24

【延伸阅读】石器时代的贵州模样·······27

【延伸阅读】稻谷的传说·············28

第三章　北纬26°的绿色经典·········**31**

第一节　密林中的茶园··············32

【延伸阅读】斗篷山·剑江国家级风景名胜区···37

【延伸阅读】"中国娃娃鱼之乡"·······38

第二节　来自深山的茶树良种··········38

第三节　"地理标志"与标准···········41

【延伸阅读】都匀毛尖的3个"独一无二" ················ 43

【延伸阅读】百年荣誉 ·················· 43

第四章　贡茶的芬芳 ················ 49

第一节　典籍里的黔南茶 ················ 50

【延伸阅读】"的娘"与他们的"方物" ················ 53

【延伸阅读】邱禾嘉请求崇祯为贡茶赐名 ················ 53

第二节　贡茶碑 ················ 55

【延伸阅读】围绕贡茶的一场博弈 ················ 57

第三节　清代档案里的黔南茶 ················ 58

【延伸阅读】吴近仁跨越时空的目光 ················ 59

【延伸阅读】慈禧太后的专车与都匀 ················ 60

第五章　香飘世界 ················ 63

第一节　被茶叶点燃的英伦三岛 ················ 64

第二节　古道茶香 ················ 66

【延伸阅读】千年黔桂盐茶马道 ················ 68

【延伸阅读】一个黔南举人的进京日记 ················ 69

【延伸阅读】徐霞客游黔南 ················ 71

第三节　东渡日本 ················ 74

第四节　茶风西渐 ················ 76

【延伸阅读】茶叶改变了世界 ················ 78

第六章　悠扬民族风 ················ 81

第一节　茶的民族称谓 ················ 82

第二节　茶叶中蕴含的民族美食观 ················ 83

【延伸阅读】多彩的民族茶饮 ………………… 85

【延伸阅读】穿裙子熬茶的男人 ………………… 89

【延伸阅读】和珅与黔南膏茶 ………………… 90

第三节　向先辈致敬的制茶礼仪 ………………… 90

第四节　贯穿人生的礼仪 ………………… 91

第七章　毛尖是怎样"炼"成的 ………………… **97**

第一节　毛尖大师徐全福 ………………… 98

第二节　非遗传承 …………………100

第三节　都匀毛尖的标准化流程 …………………103

【延伸阅读】非遗数字化采集"都匀毛尖制作技艺"节录…108

第八章　文化名人与都匀毛尖 …………………**111**

第一节　张翀的茶联 …………………112

第二节　"西南巨儒"莫友芝咏茶诗 …………………113

第三节　巨作"江山如此多娇"与都匀"纸烤茶"…116

第四节　赵朴初的"佛茶" …………………117

第五节　茶界大师题咏都匀毛尖 …………………118

第六节　音影毛尖 …………………121

第九章　评味毛尖 …………………**125**

第一节　鲜茶出篓蕙花香 …………………126

第二节　品饮的艺术 …………………129

【延伸阅读】最是那毛尖的香醇 …………………133

第三节　为有源头活水来 …………………134

第四节　茶器的味道 …………………139

第十章 21世纪的腾飞 ······143

第一节 21世纪新速度 ······144

第二节 中坚力量 ······147

第三节 欣欣向荣的星级茶馆与毛尖"地标" ······149

【延伸阅读】星级茶馆 ······151

第十一章 大型多彩茶事 ······153

第一节 都匀毛尖茶文化节 ······154

【延伸阅读】香飘人民大会堂 ······155

【延伸阅读】亮相北京老舍茶馆 ······156

【延伸阅读】进军上海滩 ······157

第二节 都匀毛尖(国际)茶人会 ······157

第三节 中国史上首次茶仙子大赛 ······159

【延伸阅读】与茶相约·黔南市县关键词 ······160

第一章

百年辉煌

百年沧海桑田，百年曲折回环。上苍无疑是特别眷顾贵州的，将她的山水窖藏在时间隧道深处，就如她孕育的都匀毛尖茶、茅台酒，不起眼地躲在别人艳丽浮华的背后，默默让光阴发酵，在深山里孕育芳香，用一抹青翠、一缕醇香，点亮了云贵高原上中国国粹的百年光环。

1915年，以中国的名义，都匀毛尖茶与茅台酒携手走出国门，在美国旧金山一举拿下属于中国的荣耀；2010年，都匀毛尖茶再度走进世博会，跻身上海世博会十大名茶，由此成就了中国唯一的百年世博名茶。

从乱世到盛世，相距百年，其间历经天翻地覆的中国大变局，都匀毛尖茶何以能始终坚守如一，直至云开日出？这其中有多少故事？有多少秘密？有多少苦辣酸甜？

第一节　踏上太平洋万国博览会红毯

1913年，刚成立的民国都匀县政府接到来自北京国民政府农商部的通知，征调都匀毛尖茶（以下简称都匀毛尖）参加1915年在美国旧金山举办的巴拿马太平洋万国博览会。消息传出，轰动都匀，人们奔走相告：都匀毛尖将漂洋过海走出国门！然而，人们也有些疑惑不解，远在千里之外的北京国民政府，怎么会知道都匀毛尖呢？

乐嘉藻：都匀毛尖、茅台酒漂洋过海的关键人物

乐嘉藻，这是一个说到都匀毛尖、茅台酒进军巴拿马博览会就不能不提的人。

100年前的贵阳流传着这样一句话："华家的银子、唐家的顶子、高家的谷子、乐家的才子"。

华、唐、高、乐这4家，是清末民初贵阳的名门望族、黔中的四大富商。与其他几家相比，乐家不光有钱，还有文化，出了个举人乐嘉藻。

1895年乐嘉藻到北京参加春试。正是在这场春试过程中，发生了著名的"公车上书"事件，1 300名进京考试的举人联合签名反对清政府在甲午战争失败

后签署丧权辱国的《马关条约》。乐嘉藻和维新重臣、北京大学的首倡者贵州人李端棻的几个兄弟等96名贵州举子一同签了名。

乐嘉藻

与其他举人不同的是，乐嘉藻不光签了名，还单独写了奏折，力主维新变法。

在"百日维新"失败后，乐嘉藻与被贬职还乡的李端棻一起回到贵阳。他们共同出资办学，关系密切，亦师亦友。

1912年2月，美国政府宣布，为庆贺巴拿马运河即将开通（巴拿马运河区当时由美国统治），决定于1915年2月，在美国西海岸的旧金山市举办"巴拿马太平洋万国博览会"（以下简称巴拿马博览会）。

当时虽然国内政局动荡，但北京国民政府还是将此事作为中国走向国际舞台的一件大事，成立农商部，由张謇任农商总长全权办理此事。

张謇是光绪皇帝的老师翁同龢的学生，他与李端棻同为光绪帝党的核心人物。经李端棻推荐，乐嘉藻来到北京，在张謇的手下担任"巴拿马赛会局商品陈列所所长"，负责征集全国的名优特产送往旧金山参加博览会。后来，乐嘉藻又以巴拿马赛会直隶协会会长的身份前往美国参加博览会。

有了乐嘉藻，在贵州久享盛誉的都匀毛尖和茅台酒就不可能被遗漏、被遗忘，这就是为什么北京农商部指名征调都匀毛尖了。

值得一提的还有，乐嘉藻曾参与辛亥革命，组建贵州"大汉军政府"，出任军政府枢密院枢密员。巴拿马博览会之后，乐嘉藻调农商部主事，他还撰写了中国第一部《中国建筑史》。抗战时期，乐嘉藻组织和领导"贵州矿产探测团"和"贵州地质调查所"，足迹几乎遍及贵州全省，探明矿产多处，对以后贵州开发煤、铁、铝、锑、铜、铅、锌等矿，起了重要的先导作用。

一个手无缚鸡之力的富家子，先投身变法，后参加辛亥革命；一手推动经济发展，一手编写《中国建筑史》，"声声入耳""事事关心"，且皆有成果，堪称"奇人"。

风采初展

1914年7月，美国巴拿马博览会中国馆奠基仪式上升起北洋政府的五色旗。12月，中国4 172个单位10万多件重达1 500余吨的参赛展品从上海出发。20多天后顺利抵达旧金山。

❧　1915年巴拿马太平洋万国博览会中国馆

巴拿马博览会从1915年2月20日开展，到12月4日闭幕，历时9个半月，总参观人数超过1 800万人次。

这次展会，中国展品获得各种大奖74项，金牌、银牌、铜牌、名誉奖章、奖状等共1 200余枚（张），在所有31个参展国中独占鳌头。中国向以丝绸、茶叶、瓷器等著称于世，在筹备参赛的日子中，对这几类特产倾注了特别的精力。在茶叶类比赛中，中国茶叶击败了印度茶叶，夺得7枚奖章，其中包括都匀毛尖。

❧ 都匀毛尖1915年荣获巴拿马太平洋万国博览会金奖

中国茶叶出师巴拿马博览会大获全胜，这对于振兴国茶意义重大。长期以来，茶叶关税收入是清政府财政的一大支柱。根据东印度公司档案记载，1817—1833年广州口岸出口的茶叶占出口总值的60%左右。至鸦片战争前，广州茶叶出口平稳增长，年均达42.3万担，价值1 692万元，约占当时广州出口总值的63%，这还不包括从陆路运往俄罗斯的茶叶。在有些年份，茶叶出口值甚至占中国出口总值的80%以上。各通商口岸，尤其"南方各省商务，茶为大宗，海上通商以后，每以华茶出口之多寡，定一年商务之盈亏"。但到19世纪后半叶，由于印度和锡兰（今斯里兰卡）茶叶的竞争，中国茶叶出口值在全国出口总值中的比例逐渐降到40%～ 50%；到19世纪最后10年，已降至30%以下；至20世纪初，更降至10%以下。在当时的欧美市场上，印度、锡兰茶叶已有将中国茶叶取而代之之势。

在巴拿马博览会茶叶类比赛中夺得奖章，对重塑中国茶叶形象起到了至为关键的作用。此后，中国茶叶在世界市场开始复苏，并一步步占领市场，开启了"茶叶外贸经济"的新纪元。

都匀毛尖参加巴拿马博览会并获奖，也让黔南茶闻名遐迩，贵州省内外茶商闻风而至。10年后，民国十四年（1925年）编纂的《都匀县志稿》写道，都匀毛尖"远近争购，惜产少耳"。

巴拿马博览会那10万多件1 500余吨的参展展品和1 200余枚（张）奖牌（奖状）告诉世人，在那个年代，虽然中国国运已经跌落到前所未有的低谷，但中国并没有丧失信心，她依然在用各种方式，向世界昭示来自民族文化骨子里、灵魂里的坚强与伟大。

❦ 1915年巴拿马太平洋万国博览会中国馆大门

第二节　世博会的百年之约

新世纪，新时代，在中国改革开放30多年后，都匀毛尖再度走进世界博览会（以下简称世博会），赴一个相隔百年的约会。

世博会的回忆录

摩纳哥蒙特卡洛。2002年12月3日当地时间15时，一个特殊的时刻。

国际展览局全体成员国大会正在召开。89个成员国代表在优美的《茉莉花》旋律中观看中国申博宣传片后，倾听中国代表团首席代表李岚清的最后陈述。经过3轮投票，2010年世博会花落谁家，将在中韩的最后角逐中决定。

1999年，上海市政府决定申办2010年世博会；2000年，国务院决定成立以国务委员吴仪为主任委员的上海世博会申办委员会；2001年，中国驻法大使吴建民正式向国际展览局递交申请函。

　　举办2010年世界博览会，是中国人民的共同心愿和热切期盼。2002年12月3日，国际展览局第132次全体成员国大会召开，成败在此一举。

　　欢呼声终于传来！在最后的角逐中，中国以54票：34票战胜韩国，让世博会有史以来第一次落户发展中国家，落户正步入经济发展快车道的中国。

　　《人民日报》称：得知中国上海成功赢得2010年世博会主办权的喜讯后，会场内外的中国人紧紧拥抱在一起，大家激动地高呼"中国"。时任国务院副总理李岚清在接受记者采访时说："这是全中国人民的骄傲！"

　　同样是上海。100年前，积贫积弱的中国不惜代价从上海出发，参加巴拿马博览会；100年后，踏上民族复兴之路的中国将在上海举办有"经济奥运"之称的世博会，让全世界见证中华文明重现辉煌。

　　2009年10月，上海世博会贵州馆投入建设。

　　位于世博园A片区的贵州馆汇集了风雨桥、鼓楼、苗寨、银饰和山水瀑布等贵州特有的视觉元素，以贵州少数民族少女的银质头饰作为建筑标识，以"醉美贵州·避暑天堂"为主题，隐喻与世博会有着特殊渊源的贵州物产——都匀毛尖、茅台酒元素，表达现代城市人对环境和精神的向往和追求。

荣膺"世博名茶"

　　2010年10月12日，上海世博会联合国馆。上海市茶叶学会和"中国世博十大名茶"招管会联合主办的"中国世博十大名茶"签约仪式暨世博茶经济论坛上，都匀毛尖再度踏上世博会红毯。按照上海世博会联合国馆的"硬指标"，"中国世博十大名茶"招管会从现有16家传统历史名茶中筛选10种，并涵盖

2010年都匀毛尖茶被授予"中国世博十大名茶"称号

六大茶类。都匀毛尖作为传统名茶中的首席绿茶，荣膺十大世博名茶，进入联合国馆。

一个世纪的等待，一个世纪的期盼，都匀毛尖邂逅世博会，获取世博会荣耀，历经百年风雨，再展时代风采，筑就中国茶产业发展道路上新的里程碑。

第三节　"双杰"奇缘

都匀毛尖有一句经典的广告词："北有茅台，南有毛尖"。毛、茅之间，不仅读音相同，生活中多有交集，在命运旅途上更是有着许多说不清道不明的关联。

携手巴拿马博览会

在1915年巴拿马博览会上，"茅台一怒天下香"的获奖故事，人人相传，制造这个故事的人正是乐嘉藻。

乐嘉藻将送展的"华茅""王茅"合并为"茅台酒"，将"烧房出品"改为"茅台造酒公司"出品。

茅台酒在中国馆展出。开幕当天，参观者达21.6万人。2月25日中午，与会政界要人光临中国馆，观赏了中国的酒品、茶品和瓷器……会展期中，参观中国馆的人数将近200万人。

5月，由美国人出任会长和副会长的高级评审委员会成立，委员分别来自美国、澳大利亚、中国等。其后又成立了由500人组成的审查官组织，中国有16人参加。

时至8月，评审工作接近尾声，圆形小口黄色陶质釉器包装的茅台酒，仍然静静地摆在展台上，未引起特别注意。

怎样才能引起评委的关注呢？经商世家出身的乐嘉藻，暗自焦急。作为贵州人，他当然知道茅台酒的与众不同在特有"香"字上。可是，评审又不能打开品尝，怎么才能让评委们闻香识酒呢？

乐嘉藻猛然想起一幅题为"踏青归来马蹄香"的名画。在那幅画上，为了表现无法用画笔体现的"香"，画家极具创意地画了几只随马起舞的蝴蝶，将春天的花香表达得淋漓尽致。也是凑巧，正当乐嘉藻暗自寻思时，评委和审查官们巡视到中国馆，乐嘉藻急中生智，假做不慎"失手"，将茅台酒掉在地上，顿时酒香四

🌱 清代都匀茶叶店

溢……这就是"茅台一怒天下香"的故事，茅台酒因而名声大振，最终荣获金奖。

与茅台酒相比，都匀毛尖要幸运许多，它的色香味形更易被人了解。

在上海世博会，"醉美贵州"成为贵州的形象词，人们通常理解为"醉"的是酒，其实茶之醉、山水之醉、民族人文之醉，何尝不在其间？

北酒南茶之缘

俗话说：酒是水魂，茶是山精。

按理说，茅台是酒，毛尖是茶，一南一北，相隔数百千米，可谓"南辕北辙"。然而，冥冥之中二"毛（茅）"依然有许多相似之处。

茅台酒产于贵州北部的世界自然遗产中国丹霞地貌的赤水河畔。都匀毛尖生长在贵州南部的世界自然遗产中国南方喀斯特核心区，中国百座避暑名山、国家级风景名胜区——苗岭主峰斗篷山一带。这里森林覆盖率高达90%，高海拔、低纬度，多云雾、寡日照、无污染。都匀毛尖是"天无三日晴"的优越气候孕育的天地英华。水在茶中的地位同样突出。沅江之源、都柳江之源，在国际斗水大赛中稳坐第一的矿泉水，就出自都匀毛尖的核心区。

20世纪60年代，国家曾有意把茅台酒厂整体搬迁到几百里外的遵义，然而最终失败了，因为无论如何，人们都无法酿造出茅台酒原先的那种味道。他们发现，即使技师、勾兑师、水源、窖泥都可以从茅台镇搬来，但那存续于当地的微生物群却无法搬迁。

都匀毛尖也曾有过类似的遭遇。

每年开春，浙江、江苏、福建、安徽的茶商便踏上"绿茶天路"，乘飞机到贵州收购春茶。他们把以都匀毛尖为正源的黔茶称为"味精茶"，用飞机运回去，掺和在本地茶叶里或贴牌销售，从中赚取差价。

20世纪90年代初，外埠茶商开始进入贵州茶区，或坐地收购，或穿行于苗岭乌江各茶区，从茶农手中收购春茶茶青或干茶，然后乘飞机运回，以800元至3 000元的价格卖出。

后来，精明的茶商不再满足于"跑单帮"似的生意，他们想到买"茶"不如引种，一劳永逸。于是，有浙商与都匀市水利局达成协议，用福建福鼎大白茶树种交换都匀毛尖茶树良种。有趣的是，几年后由都匀市水利局引种在海拔1 400多米高寨茶区的福鼎大白茶树生长得蓬蓬勃勃，制作的"都匀毛尖茶"荣获1993年国际抗衰老食品博览会金奖，而浙商引种的都匀毛尖茶树种，终未种出"都匀毛尖茶"。

浙商这才醒悟，在都匀毛尖"味精茶"的背后，是那些搬不走的地貌、土壤、气候、水和生物群等大自然无法复制的条件。难怪龙永图在贵州卫视《论道·都匀毛尖》节目中说："你可随处建厂制造原子弹，离开了都匀毛尖茶的原产地，你就合成不出一片毛尖茶。"

茅台酒的工艺独特，都匀毛尖亦然——杀青抖得散，翻得匀，杀得透；独特的"太极手势"揉时长，用力重；搓团、提毫、整形、提香，"火中取宝，一气呵成"，其工艺自成一体，与普通绿茶不尽相同，生产出"三黄三绿"、色香味形、生化成分都首屈一指的高端名茶。

茅台酒和都匀毛尖还有一个鲜为人知的相同是：二者都是国家级非物质文化遗产。

　　茅台酒酿制技艺是具有数百上千年历史传承的酿酒工艺，在西汉的历史文献中就有记载。2006年5月20日，茅台酒酿制技艺经国务院批准列入第一批国家级非物质文化遗产名录。

　　都匀毛尖亦然，历史也可追溯数百上千年，现存的栽培型茶树即达1 500年，其制作技艺也是传承上千年。2008年，作为中国绿茶制作技艺的子类，都匀毛尖茶制作技艺跻身国家级非物质文化遗产名录。

　　一个个惊人的巧合，在一北一南的茅台酒与都匀毛尖上总是如此相似，因此每当提到贵州，国人总说："北有茅台，南有毛尖。"

第四节　舌尖上的"革命"

　　有专家认为，茅台酒在历史上的成名得益于原料、香型、专业化分工，以及包装、商标等全面走在当时行业的前列。这与都匀毛尖在历史上闻名遐迩几乎完全一致。在历史上很长时期，黔南茶一直走在行业最前面，经历了数次重大工艺革命，"一直被模仿，从未被超越"，1982年荣获中国十大名茶，也得益于之前的一次重大工艺改革。

古代唯一的职业化、半职业化种植

　　在3 000年前，贵定云雾山海蓏苗即开始专业种植茶叶，他们以茶叶交换当时古蜀国的货币——贝币，是中国历史上最早的职业"茶人"。这种职业化、半职业化的茶叶种植延续了几千年，明清的《贵州通志》都有云雾山苗族"以种茶为生"的记载。茶叶种植的职业化、半职业化，使得树种培育、栽培技术、炒制技术、茶叶产量都高于他地。这是贵定云雾茶至少在西周时期已经形成"园有芳蒻、香茗"，并始终为历代贡茶的重要因素。

"雀舌"：古代工艺领先的标志

　　《茶经》记载，直到唐代，采茶还是在公历3月、4月、5月间，采摘的茶叶长4～5寸。

事实上，在海拔较低的中原一带，5月芽叶早已长成枝条，而4~5寸长的茶叶在贵州绿茶历史上是不会使用的。

与陆羽同时代的毛文锡在其《茶谱》中记载，当时地属涪州的宾化茶（隋代，贵定属宾化县），质量在巴蜀首屈一指，他说："涪州出三般茶，宾化最上，制于早春。"之所以"制于早春"，必定是为了取其嫩芽。黔南茶由此获得"雀舌"的雅号。这一工艺保证了茶叶的鲜嫩香的特色，也是其成为历代贡茶品质的保障。但其弊病是产量低下，因而历史文献中满目都是"惜产少耳"的感叹。

"罢造龙团"的黔南茶

在唐宋时期，为了方便运输，茶叶多为蒸煮烘焙造团制成茶饼。至宋仁宗时，各地投其所好，在茶饼的装饰和香味上大做文章，龙团、凤团、月团等应运而生，加入多种香料，饰以金彩。

明初，大小平伐的土司带着方物到京城朝贡，因为地处偏远，远离主流社会，黔南茶一直沿用散茶进贡。久违的散茶引起朱元璋第十七子朱权的浓厚兴趣。

朱元璋有26个儿子，唯有朱权醉心于文化学术，一生著有《通鉴博论》，撰有《家训》《宁国仪范》《汉唐秘史》《史断》《文谱》《诗谱》等数十种著作，其中还有一本鲜为人知的《茶谱》。

朱权品饮饼茶和散茶，将二者加以比较，他发现那些制作、包装华丽的龙团、凤团、月团"杂以诸香，饰以金彩，不无夺其真味"，反而不如散茶，"烹而啜之，以遂其自然之性也"。

一方面是劳民伤财地制作精美的茶饼，一面却失去了茶的"真味"，还不如直接饮用散茶。朱权把这意见写进《茶谱》面呈朱元璋。朱元璋当即采纳，下诏"罢造龙团，惟采芽茶以进"，并封朱权为宁王，以示表彰。

"茶"的整形革命

茶史认为，明代，开始注意到茶叶的外形美观，把茶揉成条索，这道工艺称为"揉捻"和"整形"。然而这是从明代何时开始的呢？史书没有记载。

在散茶还没有整形工艺之前，茶叶是炒成什么样就什么样的"原生态"，长短、大小、粗细、松紧各不相同，外形并不美观。

相传，明末著名将领贵定人邱禾嘉在觐见崇祯皇帝时，献上家乡的茶叶。崇祯皇帝发现，其敬贡的茶叶与众不同：大小一致，条索紧细，每一芽都弯曲如钩，美观了许多。仔细询问，方知是有意为之。崇祯大喜，当即赐名"鱼钩茶"。

《都匀市志》因此记载说：都匀毛尖又称"鱼钩茶"，因其形似鱼钩而为崇祯皇帝命名。

都匀毛尖由散乱的茶叶整形为条索紧细、均匀有致的"鱼钩"，开启了茶叶整形的先河，堪称中国茶叶史上的一次革命。

领中国之先的都匀茶厂

1871年（清同治十三年），直隶总督李鸿章、船政大臣沈葆桢请开煤铁，以济军需，朝廷命于直隶磁州、福建、台湾试办。贵州巡抚潘蔚抓住这个机会，奏请开采贵州煤、铁等矿产，得到四川总督丁宝桢和云贵总督岑毓英的赞成。1885年，潘蔚在镇远筹建中国第一个近代铁厂，数年后，生产出了"天字第一号"铁锭。

出人意料的是，在这家铁厂筹建的100年前，都匀已经出现一家官办茶企，是贵州历史上的第一家官办茶厂。

这家茶企的具体建立时间已经不清，但至少不晚于清乾隆四十五年（1780年）。

那家茶厂有自有茶园，有完整的加工设施。茶厂的总经理是都匀知府宋文型。

在那家茶厂，有一座建造已久的古庙。乾隆年间，古庙毁圮。当初建造这座古庙是为了庇护周围的茶园，如今古庙垮塌，茶厂和茶园都失去了保护神。因此，在乾隆四十五年（1780年），知府宋文型决定集资重建这座"西岳庙"，自己带头捐出50两俸禄。重建西岳之庙时，宋文型写下《重建西岳庙碑序》，将经过记录了下来。

《都匀县志稿》卷十一"祠庙寺观"中记载，宋文型在《重建西岳庙碑序》中说："庚子岁（即清乾隆四十五年，1780年）余守匀疆，兼理厂务茶园一局，中在间有西岳王之庙，奉为本厂之神""爰是捐俸五十两，命薛允忠督造重修"，希望"镇彼西方，维兹厂局"，以求"上裕国课，下佐工商"。

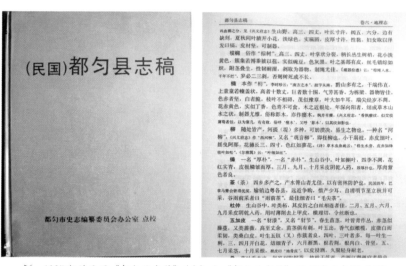

❦ 1925年的民国《都匀县志稿》（左）和《都匀县志稿》记载茶叶内容（右）

这一史实表明，都匀毛尖在乾隆年间已经由官府开设加工厂，实现了都匀毛尖的产业化、工厂化生产，是领先中国的第一家种植、加工、销售一条龙的官办茶企。

【延伸阅读】

海葩苗传奇

生活在贵定云雾山茶区的海葩苗是黔南苗族的一支，因他们以海葩（海贝）作为饰物而得名。

海葩在3 000多年前曾是贝币，以海葩为饰品就是将财富穿戴在身上，与现代穿金戴银的意义相近似。

黔南州贵定县海葩苗茶农

在都匀平塘交界地，也有一支以海葩为装饰的苗族，他们自古以狩猎为生，因此需要到集市或其他农耕部落去卖掉猎物交换贝币，购买生活所需。久而久之，这支苗族形成头插野雉翎、身佩海葩的习俗。

海葩苗茶农背牌上的贝币等装饰物

那么，云雾山茶区的海葩苗佩戴的贝币又是从哪里来的呢？

海葩苗的秘密只有一个字——“茶”。

在3 000年前，海葩苗就是一个以种植茶叶为生的群体，有高超的种茶、制茶技能，能生产上好的茶叶。他们把种植和加工茶叶作为职业，因此获得为数不少的贝币，也因此形成以贝币为装饰的习俗。

或许有人会问，在数千年前，何以会有这个专门从事茶叶生产的群体？

这牵涉到一个将中国历史前推到4 800年前的神秘方国——古蜀国。

对于古蜀国，西汉史学家用了8个字来描述：不晓文字，未有礼乐。然而，三星堆的发现，颠覆了人们对于古蜀国的认知，将夏朝之前的700年辉煌历史，活生生地摆到了世人的面前。

在专家们根据考古发现作出的描述中，古蜀国文明繁盛时期的社会生活与同时期黄河流域文明大不相同。古蜀人穿着左衽的细苎麻布衣或丝衣，梳着高高的锥形发髻。他们在三足陶盉里烹煮肉食，用瓶形陶杯装盛酒浆。他们将海贝作为法定货币进行买卖，而且还把海贝作为财富的象征，或收藏或陪葬。

然而，几乎是一夜之间，这个庞大的古国消失了，原因至今仍然不明。据考证，古蜀国的臣民一部分到成都平原定居，另一部分则向外迁徙。

这部分迁徙的古蜀国人到哪里去了呢？历史没有任何记载，他们大致有4条路线：西进西藏，逆流北上陕西，顺江而下往两湖，翻越山岭南往贵州。与西藏高原的荒芜、陕西商周的强大、湖北楚国的阻挡和长江的艰险相比，人烟稀少的云贵高原似乎是更好的选择。

翻开大西南地图，我们可以清晰地看到，只要古蜀国的遗民们南下，贵定就是他们的必经之地。

巧合的是，云雾山这支苗族使用的也的确是苗族川黔滇方言，而他们仅有的三个姓氏（金、雷、陈）表明，最初这可能就是几户专门种植茶叶供古蜀国王宫大臣们使用的茶农，他们一同逃亡贵州，僻居深山，种植茶叶交换贝币，由此拥有了数量众多的海贝。

他们这种职业化或半职业化的生产方式，让黔南的茶叶品质高出他地并远近闻名，成为历代贡茶。

【延伸阅读】

"茶与鸦片的贸易战争"

参加巴拿马博览会象征着都匀毛尖走出国门，但这并不是都匀毛尖走向世界的处女之行。

　　在康熙二十三年（1684年）废止海禁后，茶叶成为清朝出口的大宗商品，有资料称：鸦片战争前全部水陆出口茶叶年约45万担，占茶叶总销量的23%左右，价值约858万两白银，在相当长时期内都是中国出口的第一商品，而在13个产茶的布政司中，贵州产量名列第二。

　　清王朝以茶叶、丝绸、瓷器等大宗商品出口西方国家，而英国等国则以手表、羊毛、呢绒等工业品出口中国。他们没有想到，在自给自足的中国，西方国家的这些工业品完全没有销路，贸易出现大幅逆差，以至于每次来华贸易，必须带上90%的白银，只有10%的是货物，形成所谓的大量"白银外流"，不得不四处筹集白银，以进口中国的产品。为了弥补巨大的贸易逆差，英国不择手段，向中国出口鸦片，荼毒中国人，并由此引发了战争。

　　在中国被称为"鸦片战争"的中英战争，在西方则因历史书籍有意将正常贸易和毒品戕害混为一体，被称为"茶叶与鸦片引起的贸易战争"。

第二章

天地英华

"得天独厚"，是对都匀毛尖最恰当的描述。

黔南拥有6亿年前的生命起源故事，6亿年的生物登陆旅程，4亿多年的植物成长历史，100多万年的茶树传奇，这是都匀毛尖的历史之"天"。它拥有绵延不断的喀斯特森林，来自密林溶洞洁净的源头之水，还有终年缭绕清甜的森林云雾，这是它自然环境之"天"。3 000年传承表达的专注，历代贡茶展现的风姿，是都匀毛尖人文之"天"。放眼天下名茶，唯有都匀毛尖，拥有这无与伦比的天赋基因，没有之一。

第一节　生命的婴啼

7次沉浮于大海的贵州有幸成为世界最大的化石王国，而在琳琅满目多姿多彩的化石中，出现了地球生命的一声婴啼。

拨开地球生命迷雾的"小春虫"

黔南布依族苗族自治州（以下简称黔南州）境内瓮安县和福泉市，有着"亚洲磷矿之都"的美誉。在那几百平方千米的范围内，到处是厚达数十米的磷矿

❦　黔南州瓮福磷矿露天矿山

带，储藏量高达数十亿吨。磷矿是由地质时期浅海磷酸盐沉积形成的，因而这里不仅是国内最大的磷肥生产基地，也是古生物学家眼中的藏宝之所。

1997年8月，中国科学院南京地质古生物研究所研究员陈均远和台湾清华大学的细胞生物学家李家维教授等人来到瓮安北斗山磷矿开展考察研究。经过近6年的工作，陈均远等人在5万多个化石中发现了10块保存精致的两侧对称动物化石。由于它们的生存时间非常特殊，相当于地球大冰期后严冬刚刚过去、象征着生命之春的寒武纪即将来临，因此科学家们将之命名为"贵州小春虫"。

▼ 贵州小春虫

发现"小春虫"化石的意义重大，2004年，美国的《科学》和英国的《自然》都公布了这一成果。美国《华盛顿邮报》发表专文评述说：这一发现"意外打开了通向地球生命一个神奇而关键时期历史的窗口……好像在眼前的迷雾突然地消散……"

地球"早春"的痕迹：古地衣

在贵州小春虫登陆美国《科学》杂志一年之后，这本国际著名的刊物又一次出现了中国人的名字，发表了中国古生物学家袁训来、肖书海和美国科学院院士、古植物学家托马斯·泰勒的研究成果。

他们在瓮安生物群采集到一批化石，其中3块在显微镜下呈现出"令人惊奇"的网格状地衣剖面，许多蝌蚪状真菌丝状体环绕着球状蓝细菌，部分丝状体还与梨形的真菌孢子相连，整个形态结构与现代地衣非常类似。这几块古地衣化石来自6亿年前。就在"小春虫"还在大海中艰难演化之时，地衣已经在瓮安登上了贵州的大地，开始了对地表岩石圈的改造，为生命的陆地之旅，探索前进的道路。

百万年前的鉴证

地处黔西南布依族苗族自治州（以下简称黔西南州）的晴隆县，距都匀毛尖的核心产区270多千米。1982年7月，晴隆县农业局卢其明和县科委舒滕元在与普安县交界的云头山笋家箐发现了一块化石。作为内行，他们一眼认出这是一块茶籽化石。他们把化石寄到湄潭县贵州省茶叶科学研究所，经刘其志等专家鉴定：化石"有明显的种脐，种脐旁边有三个胚珠的印迹，这块化石共有三粒茶籽，其中有两粒发育正常，有一粒发育不全，但亦有明显的种脐存在，初步认为是化石茶籽"。1988年，这块化石经中国科学院南京地质古生物研究所和中国科学院贵阳地球物理化学研究所专家研究，确认为是新生代第三纪四球茶茶籽化石。

专家们认为：古生物死亡后，能形成化石的概率极低，若不是古茶树大量集中之地，是绝不可能发现茶籽化石的。

❦ 贵州晴隆出土的新生代第三纪四球茶茶籽化石

"小春虫"、古地衣、古茶籽，三块璀璨夺目的化石形成一条鲜明的生物演化链条，它们用穿越时空千古不朽的生命痕迹，用来自地质年代震惊世人的稀世之宝，将我们的目光引向一个方向——贵州，贵州，贵州！

茶籽化石的出现，将贵州野生茶树的历史前推到100万年前，形成了一条绿色的生物链。它们以凝固亿万年的生命告诉人们，茶树起源于云贵高原绝非偶然。

第二节　喀斯特森林物语

黔南喀斯特高山峡谷中，覆盖着绵延不断的原始森林。森林中无数的野生茶树，以其虬屈苍劲的躯干，向人们演绎着全世界茶区中罕见的森林茶园。

中国唯一的水族自治县三都县是黔南州第一大林业县，平均森林覆盖率高达

70.8%，而位于月亮山腹地的都江镇，森林覆盖率更是在75%以上，其中不乏人迹罕至的原始森林。

2016年，三都县农村工作局茶叶办的工作人员在调查地方茶树种资质源分布及生长情况时意外发现，都江镇铜马山海拔1 200米左右原始森林中，生长着集中连片的古茶树群。这片古茶树群占地约500亩，高50厘米以上的茶树有3万余株。其中，最大茶树高约9米，最大地径49厘米；胸径30厘米以上的茶树有10株，胸径20厘米以上的约300株，胸径10厘米以上的约3 000株；平均树龄500年。

然而，鲜为人知的是，早在1984年，贵州的科学家们在世界自然遗产地荔波茂兰原始森林中，就已经发现规模更大并以荔波命名的"荔波红瘤果茶"。

瘤果茶因其"子房与果实表面具瘤状突起"而得名，也因此而被认为是山茶属内保持原始形状的特化类群。该组仅在我国西南地区发现分布，最早的发现者是茂兰保护区管理局的周正贤。

1984年，茂兰保护区管理局的专家周正贤在保护区进行科考时偶然发现了这片古茶树林。2009年，中国科学院的植物学家们又一次对古茶树群落进行考察。专家们通过考察认定，这片茶树为未受栽培型向栽培型过渡的过渡型茶树，鉴定为荔波特有新种"荔波红瘤果茶"。

荔波古茶树群落里的"荔波红瘤果茶"分布在茂兰数千亩的喀斯特原始森林中，是迄今为止全球最古老、最大的一片原生古茶树林。

除了三都、荔波，在都匀、贵定、龙里、惠水等地也都有规模不等的野生茶林不时暴露于人们的视野。

都匀毛尖茶国家级传人张子全，是世世

都匀野生古茶树

代代生活在都匀毛尖镇的茶农。在他家后山的森林中，山路两侧野生茶树绵延十几千米，这是野生茶树的另一种生存方式。

同样，在都匀毛尖的原产地都匀团山村，高达1 500亩的野生茶树连片而生，形成野生茶园的独特景观。

或许有人会揣测这些茶树是人们栽培的成果，而科学检测数据却表明，这些茶树树干的管胞组织和梯状穿孔导管占比很高，而这个占比越高表明茶树的原始性越强；同时，茶叶的化学成分简单儿茶素的占比，也表现了茶树的原始性。研究表明，贵州茶树管胞组织、梯状穿孔导管和简单儿茶素的占比，都高于外地古茶树，从植物学角度进一步证实了贵州是世界茶树起源地核心区。

第三节　"先春抽出黄金芽"

独一无二的古茶籽，为数众多的古茶树，连片的野生茶树群落，黔南是茶的适植区已是毋庸置疑。然而，茶之为茶，不仅仅在于有无茶树，更在于人类对茶从认知、使用到栽培的全程介入。

"不死树"的秘密

《山海经》是中国第一奇书，因为其记载了众多看上去荒诞不经的事物，被认为是志怪古籍。

在鲁迅的眼中，《山海经》是"巫觋、方士之书"，记载了巫文化眼中的古代历史、地理和社会。

在《山海经》中，有一种神奇的植物，叫"不死树"。《山海经》说：食用这种"甘木"，人将永远保持青春，不会衰老。还说上古时代的神医（巫医）"开明东有巫彭、巫抵、巫阳、巫履、巫凡、巫相，夹窫窳之尸，皆操不死之药以距之"。研究者认为，这些"不死树"，就是茶树。正如"神农日中七十二毒以茶解之"，茶的解毒功效、益寿功效在《山海经》中被夸大到长生不老、死而复生的地步。但从另一个角度来看，这也说明在先秦时代已经开始了对茶树的使用。

毛尖茶的都匀传说

黔南州《民间文学集成·民间故事》中记载了一个流传广泛的民间故事：

相传，在很古的时候，都匀蛮王有9个儿子和90个女儿，蛮王病倒在床，他对儿女们说："谁能找到药治好我的病，谁就管天下。"九个儿子找来九样药，都没治好。90个女儿找来的全是一样药——茶叶，却医好了病。

蛮王问："从何处找来？是谁给的？"姑娘们异口同声回答："从云雾山上采来，是绿仙雀给的。"

蛮王连服三次，眼明神爽，高兴地说："真比仙丹灵验！我让位给你们了，但我有个希望，你们再去找点茶种来栽，今后谁生病，都能治好，岂不更好？"

姑娘们第二天去到云雾山，不见绿仙雀了，也不知道茶叶怎么栽种。她们在一株高大的茶树王树下求拜三天三夜，感动了天神。于是，天神派一只绿仙雀和一群鸟从云中飞来，不停地叫："毛尖……茶，毛尖……茶。"姑娘们说明来意，绿仙雀立马（方言，立刻的意思）变成一位美貌而聪明的茶姐一边采茶一边说："姊妹们，要找茶种好办，但首先要做三条：一是要有一双剪刀似的手，平时可以采药，坏人来偷茶时，就夹断他的爪爪（方言，手的意思）；二是要能变成我这样的尖尖嘴，去捕捉茶林中的害虫；三是要能用它医治人间疾苦，让百姓健康长寿。"姑娘们说："保证做到这三条，请茶姐多多指点。"茶姐拉着这群姑娘的手，叽叽咕咕，指指画画，面授秘诀。姑娘们一阵欢笑，高兴得边唱边跳《仙女采茶舞》。

姑娘们终于得到了茶种。她们回到都匀后头一年种在蟒山顶，被冰雹打枯了；第二年种在蟒山半山腰，又被霜雪冻死了；第三年姑娘们种在蟒山脚下，由于前两次的失败，这次她们更加精心栽培、细心管理。茶苗长势越来越好，变成一片茂盛的茶园，人们就叫这地方为茶农。

传说告诉人们，都匀毛尖由相距70多千米的贵定云雾山一带传入，最早种植茶树的民族是云雾山以鸟为图腾的苗族，时间大约是在母系社会与父系社会过渡交错的"蛮王"时代。

可以印证的是，在贵定云雾山的云雾镇仰望村一带，确有一支世代以种茶为生的苗族。他们种植的茶叶在历史上称为"鸟王茶",而且当时那里似乎还是母系氏族时代。

毛尖茶的贵定传说

在云雾山中的苗族古歌中,茶叶的发明与神农无关,而是由麦伊、麦冉姐妹两人发明。

相传,在上古之时,神鸟凤凰在仙山盗得仙草,当飞越云雾山时,见山中终日云雾缭绕、巨木参天、溪水淙淙,便栖息于此,衔来的仙草也在云雾山中落地生根。多年后,蚩尤后人迁移到云雾深山中,偶然的机会下得知神草有清心明目健身之功效,于是开始加以人工种植,因为神草为百鸟之王凤凰携来,便冠以凤凰之名,这便是今天的云雾山鸟王茶。

云雾山海葩苗身上的贝币也告诉我们,早在3 000年前的先秦,他们已经以茶为生,获取了大量的贝币,他们是茶叶最古老的栽培者、使用者、交换者。

在汉代,巫文化仍极为流行,曾经发生过著名的"巫蛊之案"。而长寿、不死,更是历代君王孜孜不倦的追求。

黔南州贵定县苗族采茶姑娘(李庆红　摄)

一方面是茶被认为是"不死之药",另外一方面帝王们倾尽全力寻找不死仙药,顺理成章,在3 000年前的商周时代,随着周武王伐纣的贵州参征部落"前歌后舞",茶踏上了进入朝廷的旅途,让王公贵胄们眼前一亮,从此成为宫廷珍品,被历代"纳贡之"。

当那些作为古蜀国货币的海贝披挂在黔南苗族人身上的时候,不仅意味着贵州已经出现以种植茶叶为生的茶人,也意味着茶叶进入宫廷,成为皇家贡品。

这就是古栽培型茶树在黔南被广泛栽培背后的秘密。

【延伸阅读】

石器时代的贵州模样

茶是最早被人们发现用途的植物,与稻谷一同成为原始种植业的标识。

1973年,浙江余姚河姆渡出土了大量距今7 000年的炭化稻谷和原始耕作工具,这一成果被写入教科书,一直影响着人们的认知。1988年,湖南澧县彭头山发掘出土了稻谷遗存,距今约9 000年;1995年,湖南道县玉蟾岩遗址发现世界上最早的稻谷遗存,将稻作农业起源时间前推至12 000年前。稻作文化的发现地由长江转向珠江,并逐渐向云贵高原靠拢。

这不是偶然。早在20世纪70年代,贵州用一盏"亚洲文明之灯"向人们展示了1万年前贵州的模样。

在安顺市普定县有一座石灰岩溶洞,因前后相通,得名穿洞。20世纪70年代,穿洞被发现是距今1万～5万年的古人类遗址,属于晚期智人。1979年试掘,获得大量石器、骨器。1981年5月中国科学院和贵州省博物馆联合发掘,出土石器、骨器、动物化石和人类化石2 000多件。其中骨器出土510件,制作精巧,形式多样,为其他地方所少见。之后又多次进行发掘,出土各类旧石器2万余件,骨器千余件,20余种哺乳动物化石200余件,古人类头盖骨化石2个,还有人类骨、齿多件。骨器之精,为世界所罕见。此外,还发现多处用火遗迹。出土文物之多,全国之冠,震惊考古学界。

穿洞遗址对考古学最重大的贡献,是大量种类繁多、加工精美骨器的发现。

在穿洞发掘之前，我国骨器发现总数不超过250件，被欧美蔑称为"贫骨"国。

和现代社会一样，古人类工具制作水平表现了当时人类的发展水平。从打制石器到磨制石器再到骨角器，代表了原始人类发展的不同阶段。在晚期智人时代，骨角器是当时人类的高科技，可以喻为石器时代的"航天、热核、信息"技术，它的种类、数量的多寡和磨制的精巧程度，表明了原始人类技术水平的高低。"贫骨"国的弦外之音，就是中国科技自原始人时代就落后于世界。

穿洞出土骨器数量达到上千件，为全国发现总和的数倍，从而一举摘掉了我国旧石器文化中"贫骨"国的帽子，否定了这个带有种族歧视色彩的偏见，成为全国第一、世界罕见的大量出土磨制骨器的史前遗址。

更为重要的是，穿洞骨角器与原始农业紧密相关。原料取自小鹿角柄，宽而粗大，向两面加工后，磨得相当匀称、相等，刃口平齐，有手握处的把柄，多用于撬、挖。研究考查这类器物，可以推断穿洞人已在从事原始种植业。

因为这些骨角器的出土，穿洞遗址被考古学家和人类学家称为"亚洲文明之灯"。

【延伸阅读】

稻谷的传说

布依族是公认的稻谷民族，他们的文化习俗与传说从另一个方面为古代稻作文化的源流提供了参考。

布依族为"骆越"的一支。"骆越"是因种植"骆田"而得名。的确，布依族所有的节日无不与稻谷有关，是"稻谷的节日"。

"六月六"是布依族最隆重的节日，有过"小年"之称。节日来临，各村寨都要杀鸡宰猪，用白纸做成三角形的小旗，沾上鸡血或猪血，插在庄稼地里，传说这样做，蝗虫就不会来吃庄稼。节日的早晨，由本村寨几位德高望重的老人，率领青壮年举行传统的祭盘古、扫寨赶"鬼"仪式。

布依族"六月六"有一个关于盘古的传说。在汉族传说中，盘古是开天辟地的英雄，但他的光辉业绩属于神话，很难说有什么实际意义。而布依族的盘古却不是这样。

在他们的传说中，是布依族的祖先盘古发明了水稻种植技术。后来在六月初六这天，盘古谢世，他的儿子新横继承父业，不断改进生产技术，年年获得丰收，所以布依人在每年的六月初六率子孙杀鸡、包粽粑、蒸五色糯米饭，敬祭盘古，形成了传统民族节日。

在布依族传说中还有两个与稻谷相关的传说。"茫耶寻谷种"说，谷种被藏在离布依人居住地很远的一个神洞里，后生茫耶历经无数艰难险阻，找到藏谷种的神洞，与洞神、妖魔、神魔等激烈搏斗后，终于取回了谷种。"皓玉的由来"说，糯谷种在很高很远的龙头山上，能医治百病，皓玉在战胜了虎狼、妖精之后，找到野生的种子进行栽种，人们从他那里得到种子，学会了种植技术。

将这些传说串联起来，我们可以看到一条稻谷种植的脉络：大约在新石器时代，布依族先民在山洞里获得稻种，而盘古则是水稻种植技术的发明者和改革者，领导了原始农业意义重大的一场栽培技术的革命，他因此成为"谷神"。

第三章

北纬26°的绿色经典

北纬30°被称为茶叶的黄金纬度，因为中国的名茶产地几乎都集中在北纬30°附近。唯有来自中国茶树起源地的都匀毛尖例外，她与众不同，挺立于北纬26°的喀斯特原始森林之中。

从美国夏威夷、迈阿密，到中国春城、凉都，北纬26°，是优美风景的代名词，也是康养旅游的集结地。都匀毛尖就位于这一纬度带上，以其蓬勃的生命，诠释着茶叶珍品秘不宣人的真谛。

第一节　密林中的茶园

位于北纬26°的都匀毛尖核心产区，几乎是清一色的原始森林。层叠的山峦，纵横的溪河，苍劲的树木，密布的藤萝，编织起一重重绿色屏障、缤纷的花篮，将一座座茶山、一片片茶园簇拥其间，这里成为农业农村部规划的"长江上中游特色和出口绿茶重点区域"中的"黔中茶区"。

名山与名茶

宋徽宗在《大观茶论》里开篇说："茶之为物，擅瓯闽之秀气，钟山川之灵禀。"古人认为，钟灵毓秀、得天独厚的自然环境往往会出产难得的珍品茶叶。森林覆盖率高、动植物资源丰富、生态环境健康，成为生产名茶不可或缺的自然条件，于是便有了"自古名山出名茶""好山好水出好茶"和"高山云雾出好茶"的茶典名言。

纵观中国十大名茶，其产地无一不是风景名胜之地，其中武夷岩茶、黄山毛峰等数种历史悠久的传统名茶都产自列入世界遗产名录的中国名山。

但是，在全国乃至全世界，还没有一处茶叶产区拥有可以与都匀毛尖和贵定云雾茶比肩的自然生态系统。

黔南位于云贵高原南端、苗岭中段。这里峰峦荟萃，森林密布，风景秀丽。黔南喀斯特森林的美丽不仅仅是一种景观，它还是一种罕见的自然品质，渗透在峰丛攒动的山岭、纵横交错的溪河和绿云缭绕的峡谷里。

在黔南，以州府都匀为中心的2万多千米^{2}土地上，聚集着1个世界级自然遗产地和8个国家级森林公园、地质公园、自然风景名胜区，是中国自然遗产最密集的地区。它的南部是独山紫林山国家森林公园；东南部是世界自然遗产地中国南方喀斯特——荔波茂兰喀斯特和荔波樟江国家风景名胜区，是"中国最美的十大森林"之一；东南还有三都尧人山国家森林公园，奇观"石头下蛋"和情感植物"风流草"是它著名的标志；西南是平塘国家地质公园，除了拥有世界奇观"救星石"和世界最大的射电望远镜基地之外，掌布、甲茶也都是闻名遐迩的自然风景名胜；北部是瓮安朱家山国家森林公园、龙里龙架山国家森林公园。这些自然生态优越的区域加上惠水野梅岭、长顺白云山、罗甸大小井一系列的省级森林公园和风景名胜，形成一个完整的环形，将都匀毛尖和贵定云雾茶的主产地斗篷山、云雾山环抱其中。

　　盛产都匀毛尖和贵定云雾贡茶的斗篷山、云雾山，都名列中国百座避暑名山。雄踞于苗岭山脉中段的斗篷山，位于都匀市与贵定县交界，主峰海拔1 961米，是黔南最高峰。斗篷山也是长江水系和珠江水系相距最近的分水岭，是"斗篷山·剑江"国家风景名胜区核心。斗篷山景区位于都匀市区西北部22千米，总面积61.8千米^2，是国内距离城市最近的原始林区，山上有峰峦、峡谷、溶洞、溪流及瀑布等景观；动植物资源十分丰富，其中有鹅掌楸、红豆杉、马尾树、十齿

都匀市斗篷山风景名胜区（赵天恒　摄）

花、香树等国家保护植物和多种珍稀禽类，犹如一座天然的野生动植物标本库。

都匀毛尖核心产区的斗篷山原始森林覆盖率近90%，人烟稀少，在国际斗水大赛中获"中华泡茶第一水"的"黔山秀水"天然矿泉水，世界最大的野生大鲵（俗称娃娃鱼）群，都出自山间。云雾山位于斗篷山西南，是苗岭中段的第二高峰，与斗篷山直线距离数十千米，终年云雾缭绕。两山之间箐林密布，与黔南的山山水水共同搭建起一座巨大的天然绿色篷帐，成为护卫黔南茶叶醇净、醇厚、醇香品质的屏障，确保了其绝无仅有的品质。这在中国十大名茶中独树一帜，在全世界的茶叶产区也是独一无二的。

都匀毛尖的六个中国之"最"

在中国名茶中，黔南绿茶产区的"低纬度、高海拔、寡日照、多云雾"环境，使都匀毛尖在中国十大名茶中拥有六个中国之"最"。

第一"最"：在中国绿茶产地中海拔最高。主产地平均海拔1 200米，约高出黄山毛峰产地平均海拔400米。现代科学分析表明，茶树新梢中茶多酚和儿茶素的含量随着海拔高度的升高而减少，从而使茶叶的涩味减轻；而茶叶中氨基酸和芳香物质的含量却随着海拔升高、气温降低而增加，为茶叶滋味的鲜爽甘醇提供了物质基础。这也是黔南绿茶香气浓郁、丰富、厚实的一个重要原因。

第二"最"：降水最丰富均匀。茶树对水分要求较高，对降水量和降水的季节分配都有一定要求。科研成果表明，茶树适宜的年降水量是1 500毫米左右，茶树生长期雨量适宜，空气湿度高，不仅新梢叶片大、节间长，茶叶产量高，而且新梢持嫩性强，内含物丰富，茶叶品质好。但降水量过多，降水强度过大，易引起水土流失，影响茶叶生长，且生长出的茶叶茶味淡薄。降水过少，茶树生长就会受到抑制，造成芽叶生长缓慢，叶形变小，节间变短，叶质粗老而硬，影响产量和品质。而黔南茶产区年均降水量1 100毫米～1 400毫米，降水量恰到好处。最为难得的是，得天独厚的"天无三日晴"使茶产区的降水均匀程度名列第一。

第三"最"：云雾最多。在主产地云雾山、斗篷山一带，每年的云雾天气达到了200天，湿度常年保持在80%以上，漫照光丰富。茶树喜温、喜湿、耐阴，漫射光中以光波短的蓝紫光为主，能促进茶叶内的咖啡碱以及含氮芳香物的形成和积累。

第四"最"：气候最温和。茶树在高于35℃或低于−5℃时停止生长并有可能死亡，而黔南茶产区35℃以上的极端高温和低于−5℃的极端低温都极为罕见。冬无严寒夏无酷暑，是黔南气候的一大特点，茶树因而得以健康成长。

第五"最"：产区森林覆盖率最高。斗篷山一带森林覆盖率接近90%，普遍高出国内各名茶产区。更为难得的是，这些连片林区大多是原生性的喀斯特原始森林，这在中国十大名茶中也是独一无二的。

第六"最"：风景名胜数量最多、面积最大、污染最少、野生珍稀动植物最丰富。黔南绿茶产区是一个自然风景名胜荟萃之地，而且也是许多对环境要求苛刻的野生动植物繁衍栖身之地。这里是野生单性木兰、白花兜兰群落唯一的发现地，是中国兰花最富集的区域，中国最古老的银杏王、杜鹃王都栖居于此，中国最大的野生娃娃鱼群、盲鱼、盲虾、桃花水母也在这里生长，它们以鲜活的生命证明着黔南山水的卓越品质。

都匀毛尖原产地与核心区

团山是都匀毛尖的原产地。团山村位于都匀城区西南，距城区12千米，是汉族、布依族杂居区。

团山四周群山环绕林木密布，蜿蜒起伏的道路两侧绿树掩映，隔妹河、两岔河清澈见底，满目是山重水复、世外桃源的景象。

在平均海拔1 275米的山坡上，1 500多亩的野生茶树、1万多亩的茶园沿坡而上，成为山水中最靓丽的风景。

位于都匀市以西33千米的毛尖镇，是都匀毛尖的又一核心产区。

毛尖镇地处国家级风景区斗篷山·剑江风景区内，境内螺丝壳山顶台地，山体雄伟，气势宏大，悬崖峭壁犹如刀劈斧削，景观壮美，是珍稀动物大鲵和石蛙的繁衍栖息之地。现在有山巅草地3 000余公顷，原始森林、原始次生林及竹林1 000余公顷，林木繁茂。有茶园地90 560亩，是都匀毛尖最大的生产地，也是都匀毛尖规模最大的连片茶区所在地。

在都匀毛尖中，有一种以无垢著称的茶叫"谷江茶"，其出产地谷江，位于斗篷山。

斗篷山位于都匀市西北，是国家级重点风景名胜区，总面积128.7千米²，最高海拔1 961米，森林覆盖率达90%以上，区内100多条溪河纵横交错，是长江水系与珠江水系的分水岭、沅江的发源地。

都匀毛尖中著名的贡茶出产于与斗篷山同属苗岭中段的云雾山。云雾山主峰海拔1 806米，因多云雾，故名。

云雾山为贵定与惠水、龙里、平塘四县交界，是"中华泡茶第一水"的出产地，与其距离30多千米的斗篷山麓岩下乡，则是中国著名的娃娃鱼之乡。

云雾山一带地貌类型属浅切割低山丘陵区，兼有部分沙谷冲纵横谷区，大小"坝子"分散于谷岭间，土地肥沃，地势平坦，地面坡度平均为15度左右。最高峰云雾山海拔1 806米，是长江、珠江中上游流域的分水岭。由于海拔高、雨水充沛、常年云雾缭绕，形成云雾山区独特的气候和生态环境，是云雾贡茶"鸟王"品种的原产地。

都匀毛尖集团核心茶园（赵匀川　摄）

🌿 都匀市毛尖镇茶园（赵匀川　摄）

【延伸阅读】

斗篷山·剑江国家级风景名胜区

都匀斗篷山·剑江风景名胜区位于都匀市境内，由斗篷山景区、螺丝壳景区、剑江景区、都柳江景区和凤啭河景区5个部分组成，其中斗篷山景区位于杨柳街镇、甘塘镇境内，主峰海拔1 961米，斗篷山与梵净山、雷公山齐名，为贵州三大名山之一。

斗篷山景区由谷江风光、胡广峡谷、马腰河峡谷、黄河谷风光、斗篷山风光5个片区组成，面积约61.8千米²。螺丝壳景区与斗篷山景区毗邻，位于摆忙乡、甘塘镇境内，包括高原草场和杨家冲峡谷2个片区，面积约120.5千米²。

贵州都匀斗篷山·剑江风景名胜区位于我国亚热带常绿阔叶林区，景区山体相对高差大、土层深厚、土体湿润，为不同海拔高度植物的生长创造了良好的条件，因此，林区现存森林多属原生性较强的天然植被，森林类型多样，有常绿阔叶林、常绿落叶阔叶混交林、落叶阔叶林、针叶林、针叶阔叶混交林、竹林等。

斗篷山景区森林植物种类十分丰富，据初步实地考察，斗篷山景区内共有维管束植物141科，334属，494种。斗篷山景区有国家重点保护植物22种，其中有国家一级重点保护植物钟萼木、银杏、珙桐、红豆杉和南方红豆杉，二级重点保护植物有三尖杉、篦子三尖杉、榉树、马尾树、鹅掌楸、红花木莲、杜仲、银鹊树、黄檗等。景区野生动物资源有鸟类140多种，兽类39种，其中有国家一、二类重点保护动物16种，兽类有云豹、猕猴、藏酋猴、穿山甲、黑熊、林麝、苏门羚等。

【延伸阅读】

"中国娃娃鱼之乡"

凭借"天无三日晴"的气候优势、茂密的森林植被和无处不在的喀斯特溶洞，平淡无奇的雨水在黔南拥有了与众不同的气质。它们经过植被、腐殖质、土壤、岩石的四重天然过滤，渗入天然的地下水库——溶洞。它们在溶洞中滴落、沉淀、蓄积、屈曲前行，最终流出洞穴，成为流泉、山泉、井泉。

这些泉水有的甚至还保存着几百万年乃至几亿年前的优良品质。

在斗篷山贵定一侧的岩下乡有一处溶洞。每年11月下旬至次年2月中旬，洞口都会涌出数千尾大鲵（娃娃鱼），它们成群结队游出洞口，嬉戏于溪河之中。这一奇观在全国乃至全世界都极为罕见，当地也因此被誉为"中国娃娃鱼之乡"。

专家们在实地考察后认为，娃娃鱼是一种受精率、出苗率、成活率很低的动物，一组怀卵量400粒的亲体，最多只能孵出30尾幼体。岩下如此之多的娃娃鱼，在全国乃至全世界当属罕见。

可以说，作为与恐龙同时代的动物，大鲵用它们绵延不绝的生命，证明了黔南自然生态的优良，也证明了黔南茶的水源品质。

第二节　来自深山的茶树良种

优质的茶叶必定源自优良的品种。自古以来，黔南茶人，就是用这些生于斯长于斯的野生茶树驯化培育着优良的品种。

黔南州12县市拥有数十个本地茶树品种，其中9个品种有较为广泛的应用。

❧ *采茶机采摘夏秋茶青*

都匀团山种

都匀团山种又叫"都匀毛尖茶树种"，是我国首批公布的22个茶树良种之一，是贵州省农作物品种审定委员会认定品种，都匀团山种是都匀毛尖的核心品种之一，主要栽培于都匀小围寨办事处辖区团山、黄河、哨脚、大槽一带，耐寒性、耐旱性均强，具有发芽早、芽叶肥壮、绒毛多、持嫩性强等特点。春茶一芽二叶干样含茶多酚20.2%、氨基酸2.05%、咖啡碱3.78%、儿茶素总量13.53%、浸出物46.9%。

都匀清塘种

都匀清塘种主要产于斗篷山一带，是灌木型，中（偏小）叶，耐寒性、耐旱性均强。其最大的特点是干茶冲泡静置不会形成油状薄膜，茶具无茶垢沉淀。春茶一芽二叶干样含茶多酚20.9%、氨基酸2.06%、咖啡碱4.31%、儿茶素总量16.4%、浸出物48.6%。

贵定鸟王种

贵定鸟王种是我国首批公布的22个茶树良种之一，是贵州省农作物品种审定委员会认定品种，现在的栽培范围遍及贵州全省。鸟王种属小乔木型，中叶。耐寒性、耐旱性较强，发芽密度大，产量高，为制作都匀毛尖茶的优质原料。鸟王种春茶一芽二叶干样含茶多酚15.2%、氨基酸2.6%、咖啡碱3.2%、儿茶素总量11.46%、浸出物48.3%。

独山高寨种

独山高寨种主要栽培于独山基场镇水岩村一带。小乔木型、中叶，耐寒性、耐旱性较强。春茶一芽二叶干样含茶多酚21.3%、氨基酸1.6%、咖啡碱4.3%、儿茶素总量12.9%、浸出物45.5%。

龙里云台种

龙里云台种是灌木型、中叶，具有抗逆性强、树势强、发芽密度大、芽形粗壮、叶肉肥厚、持嫩性强等特点，主要栽培于龙里谷脚镇一带，耐寒性、耐旱性较强。春茶一芽二叶干样含茶多酚22%、氨基酸2.33%、咖啡碱4.44%、儿茶素总量14.19%、浸出物49.15%。

瓮安土坡种

瓮安土坡种是灌木型、中叶，主要栽培于瓮安县、福泉市一带，耐寒性、耐旱性较强。春茶一芽二叶干样含茶多酚20.7%、氨基酸2.95%、咖啡碱4.11%、儿茶素总量13.92%、浸出物47.6%。

罗甸巴沙种

罗甸巴沙种是灌木型、中叶，主要栽培于罗甸县北部。春茶一芽二叶干样含茶多酚21%、氨基酸1.64%、咖啡碱4.16%、儿茶素总量11.48%、浸出物47.4%。

长顺横雾种

长顺横雾种是灌木型、中叶，主要栽培于长顺广顺镇、长寨镇。春茶一芽二叶干样含茶多酚24.8%、氨基酸1.4%、咖啡碱4.7%、儿茶素总量15.7%、浸出物48.7%。

☙ *都匀茶树地方群体良种*

平塘西关种

平塘西关种是灌木型，栽培于平塘大塘镇一带，耐寒性、耐旱性较强。春茶一芽二叶干样含茶多酚17.5%、氨基酸3.2%、咖啡碱4.5%、浸出物41.8%。

检测数据表明，黔南本土茶树树种浸出物含量全部高于国家40%的标准。

第三节 "地理标志"与标准

地理标志产品是指产自特定地域，所具有的质量、声誉或其他特性本质上取决于该产地的自然因素和人文因素，经审核批准以地理名称进行命名的产品。地理标志产品包括：来自本地区的种植、养殖产品；原材料全部来自本地区或者部分来自其他地区，并在本地区按照特定工艺生产和加工的产品。地理标志产品是一个国家地理、文化和传统工艺的结晶，是优良品质的代表，是一种独特的资产。

☙ *中华人民共和国地理标志*
产品保护logo

地理标志保护制度，在国外已经有100多年的历史，目前已经成为世界上多数国家通行的做法。法国是最早实行地理标志保护制度的国家之一。这种保护制度造就了世界著名的法国葡萄酒。

都匀毛尖地理标志

为有效保护都匀毛尖质量和特色，维护都匀毛尖品牌声誉和生产者、经营者、消费者的合法权益，2010年，国家质检总局发布"都匀毛尖茶地理标志产品保护"批准公告，规定都匀毛尖地理标志产品保护范围为黔南州的都匀市、福泉市、瓮安县、龙里县、惠水县、长顺县、独山县、三都县、荔波县、平塘县、罗甸县、都匀经济开发区现辖行政区域，包括都匀毛尖的生产、加工。

都匀毛尖生产加工标准

地理标志必须以相应的生产加工标准为基础，并形成体系配套实施。2010年，贵州省质监局和黔南州质监局发布实施《都匀毛尖茶产地环境条件》《都匀毛尖茶有机生产技术规范》《都匀毛尖茶加工技术规范》等11个地方标准，形成都匀毛尖综合标准体系。

按照这一标准体系，都匀毛尖必须是以采自黔南州境内的中小叶茶树群体种或适宜的茶树良种的幼嫩芽叶为原料，按都匀毛尖加工技术规程加工而成，具有特定品质特征的卷曲形绿茶。茶叶根据其外形、香气、滋味、汤色、叶底分为4个等级：珍品、特级、一级、二级。

地理标志与都匀毛尖标准的颁行，使得都匀毛尖品牌价值迅速大幅提升。2011年都匀毛尖获得"消费者最喜爱的中国农产品区域公用品牌"称号，都匀毛尖区域公用品牌评估价值达10.51亿元，成为贵州茶业第一品牌，为领军黔茶奠定了良好基础；2013年都匀毛尖获评"贵州自主创新

都匀毛尖茶地标品牌荣誉证书

品牌100强""贵州自主创新优秀品牌";2016年都匀毛尖地理标志品牌价值评估达211.49亿元,在茶叶地理标志品牌中位列第四;2017年都匀毛尖获批使用农业部农产品地理标志,荣获农业部评比的中国十大茶叶区域公用品牌,再次成为新时代的"中国十大名茶"。

依托无可比肩的自然生态,依托黔南茶人不懈的努力,都匀毛尖荣誉等身,化作这个北纬26°——美丽风景和康养圣地的绿色经典。

【延伸阅读】

都匀毛尖的3个"独一无二"

杰出的自然生态系统,独特的民族文化,孕育了黔南绿茶的形、色、香、味之美,也在中国十大名茶中形成3个"独一无二"。

品质在国内绿茶中独一无二。"在中国的绿茶领域,贵州绿茶是上上品,而在贵州绿茶中,都匀毛尖是极品,是奢侈品。"这是业内人士给都匀毛尖的定位和评价,也是对都匀毛尖品质的最高褒奖。

独特的手工炒制工艺在全国独一无二。都匀毛尖的手工炒制,分为杀青、揉捻、做形、提毫、烘焙5道工序,所有操作讲究火中取宝、一气呵成。而炒茶的成败全凭手感对温度的控制。独特而又复杂的工艺,使都匀毛尖在色、香、味、形、效上与众不同,在国内绿茶炒制工艺中堪称一绝。

成本之高在国内名茶中独一无二。生产1千克特级都匀毛尖需要4.2千克茶青,约12万个芽头。按2023年春茶茶青1千克320元计算,1千克特级都匀毛尖的茶青成本就达到1 344元,加上加工费,成本近1 600元。这在茶业界是少有的。

【延伸阅读】

百 年 荣 誉

百年来,都匀毛尖荣获各类荣誉近百个,在国内外各种会展中屡拔头筹。

都匀毛尖

1915 年巴拿马万国博览会优奖；

1982 年在湖南长沙被评为中国十大名茶；

1988 年首届中国食品博览会金奖；

1995 年获"95 中国传统名茶奖"；

1999 年获得"贵州省名牌产品"称号；

2002 年获"贵州省名优茶"称号；

2002—2003 年被贵州省消费者协会推介为"绿色消费品"；

2003 年获贵州省食品工业协会"著名品牌"称号；

2004 年获"中绿杯全国名优绿茶金奖"；

2004 年获"蒙顶山杯国际名茶金奖"；

2005 年获"华茗杯全国名优绿茶金奖"；

2005 年获"中茶杯"优质奖；

2005 年获"贵州十大名茶"第一名；

2005 年都匀市获"全国三绿工程茶业示范县"；

2005 年获"放心茶中茶协推荐品牌"称号；

2005 年都匀市获"中国茶产业发展政府贡献奖"；

2005 年都匀市被国家列入"114 个名茶示范基地县"；

2006 年获"多彩贵州"两赛一会都匀赛区旅游商品优秀奖；

2006 年获"多彩贵州"旅游商品设计大赛贵州名创入围奖；

2007 年获"贵州省名优绿茶奖"；

2007 年都匀市获得"中国毛尖茶都"称号；

2007 年获"中茶杯"全国名优绿茶银奖；

2008 年获"中绿杯"全国名优绿茶金奖；

2009 年获上海豫园国际茶文化艺术节"中国鼎尖名茶"奖；

2009 年入选贵州省非物质文化遗产名录；

2009 年获上海第十六届国际茶文化节金牛奖；

2009 年在河南省信阳市获全国名优绿茶金奖；

2009 年获北京中国国际茶业博览会金奖；

2009 年入选"中国世博十大名茶"，获"2010 年上海世博会联合国礼品茶、指定用茶"称号；

2009 年获"贵州十大名片"称号；

2009 年获日本世界绿茶评比金奖；

2010 年获上海第十七届茶文化节"中国名茶"金奖；

2010 年获上海豫园茶文化节"中国精品名茶"称号；

2010 年都匀毛尖茶企业获"新中国 60 周年茶事功勋企业"称号；

2010 年"都匀毛尖"入选第二批"中华老字号"名录；

2010 年获第八届国际名茶评比金奖；

2011 年都匀毛尖获得"消费者最喜爱的中国农产品区域公用品牌"称号，都匀毛尖区域公用品牌评估价值达 10.51 亿元，成为贵州茶业第一品牌；

2012 年都匀市河头茶叶专业合作社被评为全国先进合作社；

2013 年都匀毛尖获"贵州自主创新品牌 100 强""贵州自主创新优秀品牌"称号，"中茶杯"绿茶一等奖、"中茶杯"红茶一等奖、第三届国际茶业暨茶艺博览会优质产品奖和"中茶杯"优质产品奖；

2017 年都匀毛尖与贵州绿茶同时获得农业部农产品地理标志认证，并在首届中国国际茶叶博览会上，荣获农业部评比的中国十大茶叶区域公用品牌，再次成为新时代的"中国十大名茶"。

贵定云雾茶

1952 年被评为中国第二届土产交流会优质茶；

1986 年被评为贵州省优产品奖、贵州名茶；

1987 年被评为贵州省四新产品；

1988 年被评为中国首届食品博览会银质奖；

1988 年被评为贵州省四新产品；

1988 年入选国务院编写的《中国名优产品名录》；

1990 年被评为贵州省地方名茶；

1991 年被评为商业部优质产品，全国名茶奖；

1992 年被评为中国首届农业博览会优质奖；

1993 年被评为中国贵州杜鹃花节展销会质量信得过荣誉奖；

1993 年被评为中国国际保健精品博览会金杯奖；

1995 年被评为中国国际技术产品展览会金奖；

2002 年被评为第四届国际名茶评比会金奖；

2005 年被评为第五届国际名茶评比会金奖；

2005 年被评为贵州十大名茶；

2008 年被评为第五届北京国际茶叶博览会金奖；

2009 年被评为贵州十大名茶；

2009 年被评为第六届北京国际茶博会金奖；

2009 年被评为第十六届上海国际茶文化节"中国名茶"金奖；

2009 年被评为香港最喜爱绿茶；

2010 年被评为 CHC 全国高科技质量监督促进工作委员会著名品牌；

2010 年被评为第八届国际名茶评比会金奖；

2010 年被评为日本世界绿茶评比会金奖；

2010 年被评为上海世博产业博览会金奖；

2010 年被评为"贵州五大名茶"；

2010 年参加台湾第八届国际名茶评比获得金奖；

2010 年在日本参加世界绿茶评比获得金奖；

2010 年贵定云雾贡茶荣获农业部首批地理标志农产品认证；

2011 年贵定云雾镇荣获"贵州最美茶乡"称号；

2011 年被评为消费者最喜爱的 100 个中国农产品区域公用品牌；

2012 年获杭州绿茶金奖；

2013 年获"贵州自主创新品牌 100 强""贵州自主创新优秀品牌"称号，"中茶杯"绿茶一等奖、"中茶杯"红茶一等奖、第三届国际茶业暨茶艺博览会优质产品奖和"中茶杯"优质产品奖。

瓮安

1993 年瓮安县青山茶场生产的"众生"牌天然保肝茶荣获美国加利福尼亚州国际博览会金杯奖；

1994 年瓮安青山茶荣获第二届农业博览会银奖；

2007 年瓮安县茶叶公司生产的"众生"牌乌江翠芽荣获国际林业博览会银质奖；

2010 年瓮安县曼生茶业有限公司生产的"曼生"牌曼生贡春荣获 2010 年"中绿杯"金奖、曼生贡芽获银奖；

2011 年 9 月瓮安县曼生茶业有限公司生产的"曼生"牌曼生白茶荣获第九届"中茶杯"一等奖；

2011 年贵州味道茶业有限公司选送的贵州味道牌"都匀毛尖"荣获第二届"觉农杯"中国（北京）国际茶业及茶艺博览会金奖。

平塘

2002 年平塘县玉水毛尖被中国茶叶流通协会授予"贵州春茶第一壶"称号。

2014 年获"中绿杯"全国名优绿茶银奖；

2014 年获首届都匀毛尖斗茶大赛绿茶类金奖、银奖，白茶金奖；

2015 年平塘县云海茶业有限公司的"玉水雪芽"获得"中茶杯"中国名优绿茶评比一等奖；

2015 年获黔南州第二届都匀毛尖斗茶大赛绿茶类 1 个银奖、2 个铜奖、3 个优质奖；

2016 年获黔南州第三届都匀毛尖斗茶大赛绿茶类金奖、2 个铜奖、2 个优质奖，红茶类 1 个铜奖；

2017 年获第四届黔南州斗茶大赛 2 金 1 银 2 铜 3 优质的佳绩；

2017 年平塘县盛火农业科技发展有限公司选送的"玉水眉峰"获得"中茶杯"全国名优绿茶评比一等奖；

2017 年获贵州省秋季斗茶大赛绿茶类 1 个银奖、1 个优质奖。

第四章

贡茶的芬芳

《禹贡·疏》载："贡者，从下献上之称，谓以所出之谷，市其土地所生异物，献其所有，谓之厥贡。"换成白话，贡赋之物，就是各地的名特优产品。

地处偏远，交通艰难，长期游离于中原主流文化之外，这原本应该是黔南茶难以弥补的缺陷。然而，谁又曾料到，黔南的茶叶居然能够跨越千山万水，早早跻身贡茶之列，而且成为中国茶叶中唯一的有典籍、有文献、有文物的"三有"贡茶。

第一节　典籍里的黔南茶

在3 000多年前的商周时代，黔茶随着周武王伐纣的贵州部落，"前歌后舞"踏上了进入朝廷的旅途，并很快被认可，成为帝王们喜爱的贡品。贡献茶叶的部落也因此得到贝币的赏赐，促使部落大量人工栽培茶树，提高产量并方便采摘，以获得更大更多的利益。这或者就是栽培型茶树在黔南普遍存在的原因。

《华阳国志》里的黔南茶

常璩在成汉时曾任散骑常侍（皇帝的侍从）掌管文书，入晋后他利用这些材料编纂成《华阳国志》。换句话说，常璩的依据，来自皇宫朝廷。

因为资料新颖可靠，叙述有条理，文辞典雅、庄严，符合古代士流的爱好，《华阳国志》得以很快流行，成为千百年来地方志著作的取作准则。

在《华阳国志·巴志》中，常璩说：包括贵州部分地区在内的巴郡"东至鱼复，西至僰道，北接汉中，南极黔涪。土植五谷。牲具六畜。桑、蚕、麻、苎、鱼、盐、铜、铁、丹、漆、茶、蜜、灵龟、巨犀、山鸡、白雉、黄润、鲜粉，皆纳贡之"。

茶在当时已经是18种贡品之一。更奇妙的是，常璩紧接着描述道：巴郡人家"其果实之珍者：树有荔芰，蔓有辛蒟，园有芳蒻、香茗……"

那时候，已经有了园栽茶叶，它们与"一骑红尘妃子笑"的"荔芰"一同被视为"果实之珍者"。这段话再一次揭示了黔南栽培型茶树的秘密：在当时黔南茶已经是贡茶，并已普遍形成茶园。而成为贡品，又反过来促进了茶叶人工栽培的发展，使得茶成为涪陵一带排名第一的特产："惟出茶、丹、漆、蜜、蜡。"

涪陵，《禹贡》梁州之域。春秋时属巴国，秦为巴郡地。唐代改设涪州，辖4县：涪陵、乐温、武龙、宾化。

其中的宾化，即现在以贵定县云雾镇为中心，包括都匀、平塘、龙里、惠水、麻江部分区域在内的行政区划，也就是都匀毛尖中云雾贡茶的核心产区。

然而，认真研读《华阳国志》这一段文字，人们会发现，在这段文字之前的内容，是介绍武王伐纣和获胜后给巴国封爵；这一段之后的内容，是介绍巴国在春秋时的状况，《华阳国志》这一叙述顺序告诉人们，"纳贡"和"园有芳蒻、香茗"，发生在西周之后、春秋之前。也就是说，黔南茶，被证据确凿地前推到公元前1 000年前，这无疑是中国最古老的贡茶。

《茶经》与《茶谱》中的黔南茶

随着茶叶流向民间，黔茶逐渐闻名于世。唐代茶圣陆羽在《茶经》中专节品评贵州茶，他说：黔中"茶生思州、播州、费州、夷州……往往得之，其味极佳"。这是在古籍中首次出现的对贵州茶品质、口感的高度肯定，而陆羽获得茶叶的途径，也间接表明贵州茶由帝王和朝廷达官贵胄的专享逐渐流进民间。

但是，由于贵州山高路远音信难通，这些茶叶究竟出在哪些地方，陆羽自己也承认"难得其详"。

一个名叫毛文锡的人弥补了陆羽的遗憾。

毛文锡，字平珪，高阳（今属河北）人，一作南阳（今属河南）人，五代前后蜀时期大臣、词人。此人14岁进士及第，事前蜀高祖王建，官翰林学士承旨。前蜀永平四年（915年），迁礼部尚书，进文思殿大学士，拜司徒。

毛文锡一生除了留给后人30多首词外，还留下了2卷著作，其中1卷是《茶谱》。

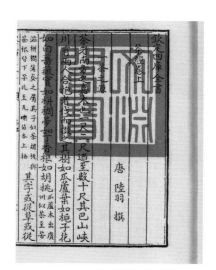

四库全书收录的茶经

不幸的是,《茶谱》已经失传。不幸中的万幸是,由于毛文锡的《茶谱》在当时影响广泛,被后人评价是仅次于《茶经》的又一部古代茶学巨著,因而得以在史书和后人的辑录中留下了一些踪影。

　　在《茶谱》中,毛文锡明确提到黔南茶,将其作为涪州茶之冠。宋代吴淑的《事类赋注》辑录了《茶谱》的这样一段文字:"涪州出三般茶,宾化最上,制于早春,白马次之,涪陵……"

　　"宾化"的茶叶又一次出现在典籍中,成为《华阳国志》的佐证。五代前后蜀均定都四川成都,作为朝廷重臣,毛文锡有资格品尝并品评巴蜀最高端的茶叶。

其他文献记载的黔南茶

　　周春元等编著的《贵州古代史》是贵州省第一部地方古代史书籍。该书比较全面、系统和详细地介绍了贵州古代的历史。书中引用了《华阳国志·南中志》的一段资料,称"平夷县山出茶蜜",茶叶作为商品出现在夜郎市场上,还记载了开皇元年(581年)平伐"长官司土官来朝,贡马及方物"。

　　黔南茶被作为贡品的情形一直延续下来。《贵定县志》载:"元泰定五年(1325年),平伐首领的娘等40名头目,至元大都朝觐,献茶叶等方物……"

　　《太祖洪武实录》载:"洪武十五年六月辛卯(1382年)新添、大平伐、小平伐土酋俱来朝……诏赐文绮帛各五匹,钞二十锭,以示体恤""土官卢朝奉来朝,贡马及方物"。

　　明代扬州人黄一正,在万历年间(1573—1619年)编撰了一部46卷的《事物绀珠》。书中记录了当时的名茶97种,黔南的宾化(平伐)、新添(贵定)茶和平越(福泉)茶都名列其中。

　　清康熙《贵州通志》:"黔省各属皆产茶,贵定云雾山最有名。"《续遵义府志》:"云雾茶,为贵州之冠,岁以充贡。"

　　《都匀市志·经济作物》茶叶章节载:该茶在明代已为贡品,深受崇祯皇帝喜爱,因形似鱼钩,赐名"鱼钩茶"。

　　代代相传的记载,散发着黔南茶3 000年贡茶的历史芬芳。

【延伸阅读】

"的娘"与他们的"方物"

元延佑七年（1320年），元英宗即位，次年改元"至治"。

元英宗自幼受儒学熏陶，登基后推行"以儒治国"政策进行改革，并实施裁减冗官、监督官员不法行为等新政，颁行"助役法"以减轻人民的差役负担，至治三年（1323年）颁布了《大元通制》，史称"至治改革"。元英宗的新政使得元朝国势大有起色。在这一大背景下，平伐少数民族首领的娘率10万户降服元朝。

当时的平伐，其疆域包括今都匀、惠水、麻江、平塘、龙里部分区域，中心地区在今天的贵定县云雾镇。

平伐的降服让元朝廷喜出望外，当即下令在平伐设立顺元路军民安抚司，并在隶属于平伐的惠水上马桥一带修建"顺元城"，是为元代贵州建城的开端。

为表彰的娘等人，让更多的南宋遗民降服，元英宗决定在大都接见的娘和他下属的46名土官。的娘带着平伐特有"方物"来到大都，一种是云雾山的矮马"狗仔马"，另一种就是云雾茶，当地称为"鸟王茶"。

这次进贡记录在《贵阳府志·贵定县志稿》，是自唐宋以来黔南茶明确记载的又一次进入朝廷，时值元泰定二年，即1325年，距今690余年。

对于黔南茶来说，的娘的贡献在于，让地处偏远的贵州茶叶在历史长河中留下珍贵的一笔。

【延伸阅读】

邱禾嘉请求崇祯为贡茶赐名

明洪武十四年（1381年），站稳脚跟的大明王朝决心消灭盘踞云南的元朝残余势力，调集30万大军，发兵云贵，史称"调北征南"。

在这30万大军中，有一个来自山东即墨的年轻人，他叫丘安。

在消灭元朝梁王把匝剌瓦尔密后，为防止元朝残余势力死灰复燃，也为加强大明王朝的统治，明军在各个要道上建立卫所，屯兵驻守，元朝的新添千户所被升格为"新添卫"。

随军南征的丘安凭着军功升任新添卫所的百户，从此落户当地。

百户是个武官，正六品，品秩级别比县令还高。他的子孙丘润做到正四品贵州都指挥佥事，丘东鲁更是做到正三品新添卫指挥使。

但是，随着明朝文官制度的推行，武官的地位逐渐下降，史载，当时有的三品武官见到四品文官还要行跪拜之礼。

世代行伍的丘家感受到了时代风潮的变化，在练武习兵的同时，开始从文。隆庆元年（1567年），丘家的第一位举人诞生，他叫丘东昌，是新添卫指挥使丘东鲁的兄弟。

丘东昌有三子：禾实、禾栗、禾嘉。

长子丘禾实，字登之，幼入新添卫学，聪颖好学，文思敏捷，广受同学赞誉。万历十九年（1591年），丘禾实参加乡试，才华出众，中解元（举人第一名）。万历二十七年（1599年）他赴京会试，蝉宫折桂，荣膺进士，入翰林院，为云贵2省入翰林院授职第一人。

丘禾嘉是丘东昌第三子，他自幼好谈兵，爱读《左传》《战国策》，对书中涉及战争的篇章十分留意，从中领悟古人征战博弈的奥妙。万历四十一年（1613年），丘禾嘉乡试中举，时年二十五岁。在之后的8年间，他文场失意。

天启元年（1621年），四川永宁宣抚使奢崇明反明，贵州土官安邦彦与其遥相呼应。眼看家乡沦为战场，丘禾嘉捐资制器，护城防卫，协助官军俘获叛军将领何中尉，因功被任命为祁门教谕。

崇祯元年（1628年），明思宗朱由检下诏广招贤才。经贵州巡抚蔡复举荐，丘禾嘉以举人之身被破格为兵部职方主事。崇祯二年（1629年），后金在打败蒙古察哈尔部后大举攻明，丘禾嘉率军一举收复永平4城立下大功。崇祯四年（1631年）朝廷任命丘禾嘉为南京太仆卿，先后任命孙谷、谢琏2人替代邱禾嘉。但2人贪生怕死畏惧不前，丘禾嘉不得不坚守锦州。消息传到京师，明思宗不禁为之动容，立即下旨召丘禾嘉入京，亲题"倚为长城"4字铸以金匾赐之。

相传，丘禾嘉在应召回京时向崇祯呈上奏折和一只做工精细的楠木盒。

崇祯打开木盒，里面是一个丝绸布袋，打开袋子，崇祯愕然，脸上现出不悦之色——袋子里是一包茶叶。

崇祯的苛刻是出了名的，不仅对别人也包括对他自己，他勤政十几年，事必躬亲。史书上说，为了朝政，他连女色也戒了，过着苦行僧一般的生活。如今，国库空虚、烽火遍地、战事吃紧，丘禾嘉竟然冒天下之大不韪，进贡茶叶。崇祯暗自不悦沉吟许久。

崇祯帝画像

丘禾嘉这才奏道："这是我家乡出产的茶叶，为历朝贡茶，可惜迄今还没有名字，请皇上赐名。"崇祯一听，恍然明白丘禾嘉的意思是以茶喻人——"兰心质慧而无名"，犹如那贡茶。

放下茶叶，崇祯拿起丘禾嘉的奏折。奏折上是丘禾嘉对于明王朝辽东作战的形势分析和判断，剀切而精要。崇祯读罢大喜，拿了一撮茶叶在手上仔细端详，说："卿所贡之茶，形似鱼钩，赐名'鱼钩茶'。"随即朗声宣布，破格提拔丘禾嘉，任命他为辽东巡抚，加"超拜右佥都御史兼统山海关诸处兵马"的头衔，立即率兵出关破敌。

之后的故事，在明史中有记载。从此，都匀和贵定的茶叶有了一个共同的御赐芳名——"鱼钩茶"。

300多年过去，因丘禾嘉曾任山海关总兵，如今的山海关城楼上，依然塑有一尊他的戎装雕像，因他而得名的"鱼钩茶"也因此流传千古。

第二节　贡　茶　碑

价值不菲的贡茶给黔南茶带来了显赫的声名和一定的经济回报，同时也引来一些不法官吏的觊觎，他们以征收贡茶为名，层层加码，强取豪夺，中饱私囊，让以种茶为生的云雾山茶农不堪重负。

　　乾隆五十五年（1790年），忍无可忍的云雾山苗族用开水将茶树浇死，报称茶树"年老茶枯"。但地方官吏却指责"苗民有意捣乱"，意图责罚茶农。朝廷闻讯，派员实地调查，发现了各级地方官府加派茶叶等情形。为安抚苗民并震慑警示官员，朝廷在贵定云雾镇刻立了一块碑。碑文明确：除了缴纳贡茶外，停止其余各级所派的茶叶，如有官差以办茶为名滋扰者，将予以追究。碑文还说明，朝廷拨款420两白银扶持贡茶生产。这就是全国现存唯一的贡茶碑。

　　碑文原文是："署贵阳府贵定县事：州正堂为据禀给照事。案据旧县方文超等禀称：本年四月二十日接春钧札，因仰王苗民雷阿虎禀'年老茶枯'，仰约前往确查，据实禀复。奉此约，遵即前往临山踏勘：茶老焦枯，并无一株生发，实非苗民治枯捏禀□缘。奉札查□禀明，伏乞查核施行上禀等情。据此，查茶树既俱枯坏，并无出产，应干除批示外，合行给照。为此，照给该苗民等遵守：嗣后该处年年给□贡茶定数，茶触及其余所派之茶准行停止，以免采办之累。如有差人以办茶下乡滋扰者，许尔等指名禀究。须至照者。据呈缴茶拨银肆百贰拾两，收后发交殷实之户生息年，再年购办该处贡茶。乾隆五十五年四月□□日立。"

黔南州贵定县云雾镇鸟王村贡茶碑

　　刻碑公示，各级官府搭车摊派强取豪夺的行径不得不有所收敛，但另一个问题又出现了。仅仅在第一块碑刻立数年后，有人恣意侵占贡茶的茶山，变换花样变相鲸吞贡茶。官司再次打到朝廷。朝廷不得不在嘉庆十年（1805年）又刻立了第二块碑明确贡茶茶山的楚河汉界，明令任何人不得侵占。

这两块碑将当年地方官府和朝廷对贡茶的博弈演绎得淋漓尽致，不法官员的贪婪、茶人的无奈、贡茶品质的优良，尽在其中。

【延伸阅读】

围绕贡茶的一场博弈

雷阿虎，这是一个刻在贵定云雾山贡茶碑上的名字。

没有人知道这个人，也没人知道他更多的事迹。但仅仅是从那不到280字的碑文中，一个胆大心细、有勇有谋的苗族头领形象跃然而出。

那块刻立于乾隆五十五年（1790年）的贡茶碑传达的信息告诉人们，雷阿虎有谋略，虽然不能断定他是否识文断字，但至少可以确认他精通汉语，能言善辩，在村寨拥有较高的威望，是当地苗族的领头人，也是苗族日常与官府交涉的主角。

鉴于官府层层加码征收贡茶，当地苗族不堪重负，雷阿虎冒着风险策划了用开水浇淋茶树的事件，意在免除当年的贡茶并引起朝廷的重视。

雷阿虎经验丰富十分精明，在用开水浇淋茶树之后，他没有被动地坐等官府上门，而是或书面或口头"禀报"官府，声称"年老茶枯"。

如果不是罕见的病虫害，茶树不可能一夜之间全部枯死。雷阿虎敢于这样说，在于他从多年与官府打交道中，摸清了那些"肉食者"的底细，知道他们不懂茶，更不会想到茶树是被开水淋烫枯死。

为了表示他所说属实，雷阿虎主动约请官府一起现场勘查。果然，前去检查的官员信以为真，也随着认定："茶老焦枯，并无一株生发"。在这场与官府斗智斗勇的博弈中，雷阿虎大获全胜，迫使官府行文除贡茶外"其余所派之茶准行停止"，禁止官差以办茶为名"下乡滋扰"，为当地争得了420两白银。

在整个事件中，雷阿虎主动禀报，主动约请，处处占据主动，让一个并非没有破绽的故事获得圆满的结局，甚至是超出他预想的效果，精彩之极。更重要的是，因此为后人留下一块珍贵的贡茶碑。

第三节　清代档案里的黔南茶

1888年，在做了14年的翰林院编修之后，林绍年调任御史。

汉代以后，监察朝廷、诸侯官吏的失职和不法行为是御史的主要职责，换句话说，在践行"文死谏、武死战"的古代，这个职务就是得罪帝王贵胄的差事。

果然，林绍年一上任，就做了一件震动朝野的事情，他胆大包天，竟然上奏指责试图动用海军经费修建颐和园的慈禧太后，其言辞之犀利，令众大臣咂舌。

在奏折中，林绍年指斥慈禧太后动用各地献银修颐和园，花钱买民怨，是不智；封疆大吏诛求进献，是不忠。

奏折呈上，"老佛爷"异常震怒。

得罪"老佛爷"的后果是，林绍年随即被撵出朝廷，降级贬谪到云南昭通当知府。

在昭通任上，林绍年政绩突出，很得民心，不久升迁调署云南府。离开昭通时，"郡中空巷出钱，父老伏地至流涕弗起"。在云南府，他依旧政声响亮，由知府转道台，升按察使、布政司使。

1904年，林绍年出任贵州巡抚。在此期间，他将提升贵州教育、培养人才作先导，派出出国留学人员多达151人，开启了贵州出国留学的先河。为了尽快提高贵州的教育水平培育人才，他甚至强令各州县至少要资送速成师范一二人，或加送专门学科一二人，"不准以财力支绌为由拖延不办"。

贵州首批留日学生，后来多数成了推进近代文化运动的骨干，有的成为辛亥革命在贵州的领头人，还有的成为现代教育的先行者，如姚华等人成了全国知名的大艺术家。

在得罪慈禧太后之后何以还能官运亨通？或许会有人生出这样的疑问：慈禧怎么肯重新起用他？

这其中固然与林绍年才干出众、政声卓著有关，也与黔南的茶叶有关。

1904年，林绍年调任贵州巡抚，他做的第一件事，就是向朝廷进贡了2匣贵定的贡茶，一匣给光绪，一匣给慈禧，每一匣重6千克。

林绍年知道慈禧酷爱饮茶，并用茶叶填充枕头以养神安眠。他用这历代贡茶向慈禧太后表明，从前的"极谏"，只是职责所在，并非个人恩怨，是他"另一种忠诚"。

于是，中国第一历史档案馆馆藏清代档案里，留下了这样的记载："贵定县芽茶，贡皇上一匣，贡老佛爷一匣……"

慈禧并不像街头文学描写的那样一无是处，毕竟是一国之主，也曾在1900年庚子国变后实行清末新政，对兵商学官法进行改革。慈禧终于理解了林绍年的"苦心"，在林绍年任职贵州一年后，将他调回京师任侍郎充军机大臣。

【延伸阅读】

吴近仁跨越时空的目光

凡是优秀的人或事物，都有其独特的故事和历史，都匀毛尖自然也是如此。

原黔南州委常委、都匀市委书记吴近仁（1920—1997），1949年5月，奉命随军南下西进贵州，12月率队接管瓮安县，先后任县长、县委书记。

新中国的天是明朗的天，"干人"（穷人）们在吴近仁的带领下，像当年红军长征过瓮安一样"打土豪分田地"，将地主和大户人家的金银细软、茶几桌椅搬出摆在天井晒坝上分给"干人"们。

这一天，吴近仁带着县政府一班人来到宋家院子检查"干人"们分享"胜利果实"的工作。他一踏进院房，就发现这户人家的家具与一般贫苦人家完全不一样，不由停下脚步。

不看不知道，一看吓一跳。这桌子椅子全都是明式红木宫廷家具，青花茶具、粉彩茶具、斗彩茶具、珐琅彩茶具，更是不一般的东西。古人说"器为茶之父"，茶具是融造型艺术、文学、书法、绘画等于一体的综合艺术载体。清代历代皇帝都喜欢饮茶，康熙和乾隆2位皇帝最嗜好喝茶，乾隆帝曾举行过多次茶宴，茶宴上准备的茶被称为"三清"茶，由梅花、佛手、松实沃雪烹茶。"三清"茶具是皇室定制的茶具，有陶瓷、漆器、玉器等品种，这青花、粉彩、斗彩、珐琅彩茶具，正是清代宫廷"三清"茶的指定茶具。

吴近仁是识货的知识分子领导，这些富丽堂皇的彩瓷，是只有皇宫才有的稀罕物，为何在这山里出现？于是他便对这批清宫家具茶具的来历刨根问底。

原来，宋家院的老主人叫宋良仲（1875—1926），瓮安草塘新川人。清宣统元年（1909年）考入云南讲武堂，先后任少将副官长兼京绥铁路局局长，掌管京绥铁路运输。

宋良仲在讲武堂毕业后入新军任管带，辛亥革命后任冯玉祥的副官长。宋良仲在任冯玉祥副官长期间，奉命带兵将清朝皇室逐出紫禁城，这才有了清宫家具、茶具流落瓮安的这段传奇。

1928年宋良仲病逝时，蒋介石、冯玉祥等送挽联悼念，国民政府追授他为"总司令部中将副官长"。

在当时的形势下，如果将这批清宫家具分掉，可能很快毁损、流失，吴近仁冒着风险决定，将宋良仲从宫里弄来的清宫家具、茶具保护下来，送交贵州省博物馆。

1964年，吴近仁调离瓮安，任中国十大名茶——都匀毛尖产地都匀的市委书记。在都匀，他沿着斗篷山的盐茶马道巡视着一个个都匀毛尖茶园，首次提出都匀毛尖要做好有土种茶和"无土种茶"2篇文章，要求都匀砂锅厂生产品饮都匀毛尖的器皿，开启了茶器文化的新篇章。

【延伸阅读】
慈禧太后的专车与都匀

1949年11月14日，人民解放军二野5兵团17军51师151团进抵都匀城，与守敌发生战斗，于15日拂晓前结束战斗，歼敌400余人，缴获枪支弹药若干及火车机车3台、车皮2列、汽车23辆。其中还缴获停靠在火车站的2节客车车厢，车顶和车壁上镶着龙飞凤舞的图画，地板则是精美的细花瓷砖铺成各种吉祥如意的图案。虽然车厢内大小房间里的各种壁饰荡然无存，但是，仍看得出这2节花车的奢华与气派。

经过调查，地委派出的军代表得知这2节车厢是当年慈禧太后的专列。慈禧太后的专列怎么会流落都匀呢？

原来，光绪二十九年（1903年）前后，通往泰陵的京汉铁路北段及支线完工。修建这条支线，完全是为了满足慈禧太后的好奇和游观之兴，让她试一试正式的铁路，一享风驰电掣之乐。太后不能随便出京，所以用冠冕堂皇的"谒陵"为由，造了这条没有多大用处的支线。

铁路造好，慈禧太后令盛宣怀向英国订购了1辆"花车"，专供慈禧"谒陵"御用。袁世凯为了争宠，也向德国订购了1辆。

2辆"花车"，外套黄绒、内贴黄缎，装潢的精美，无以复加。

清朝灭亡，2辆花车，1辆落在张作霖手中。1928年张作霖从北京撤回东北，在途中遭到日本人暗杀，花车被炸得粉碎。

另一辆花车又重新回到袁世凯手中。孙中山辞去大总统出任中国铁路总公司总理，袁世凯把花车拨给孙中山专用，以巡视全国铁路现状。北伐战争中，花车

清朝慈禧太后的专用列车

被当时的北伐军总司令蒋介石所得，他在追求宋美龄的过程中，多次乘坐这辆花车来往于南京与上海之间，还曾用花车将宋美龄从上海接到镇江去游玩。

抗战爆发，花车先后停靠武汉、长沙，最后来到贵州。当时，黔桂铁路仅修到独山，这列花车只好停靠在独山车站，后拉到都匀。

1958年，都匀至贵阳的铁路建成通车，历经磨难的慈禧太后"专车"才重回北京。如今，慈禧专列中编号为97318的车厢，被上海某餐厅当作包房，生意特别好，有趣的是，这节车厢卖的却是都匀毛尖。

第五章

香飘世界

茶"无疑是东方赐予西方的最好礼物"。"茶给人类的好处无法估计"。"我确信茶是人类的救世主之一"。"茶叶是上帝，在它面前其他东西都可以牺牲。"

与对中国茶的疯狂成正比，当年欧洲人对中国茶的评价达到令人肉麻的地步，但在当初，这却是他们发自内心的赞美。

中国茶在当年何以如此被西方人痴迷，至今仍然是个谜，但无论如何包括黔南茶在内的中国茶，由此漂洋过海走向世界。

第一节　被茶叶点燃的英伦三岛

1662年5月13日，在英国朴次茅斯港外的海面上，一支由14艘英国军舰组成的威风凛凛的船队，驶入了人们的视线。领航的是英国皇家"查尔斯号"，乘它而来的是葡萄牙国王胡安四世的女儿凯瑟琳·布拉甘扎。这位从伊比利亚半岛上那个富裕王室而来的公主，即将嫁给这里的统治者查理二世。

整个英国都应该为这次联姻感到庆幸。他们的王后给这个国家的味觉带来了一种迷人的东方味道。英国人的饮茶时尚，随着这位葡萄牙公主的到来而风靡一时。

实际上几年前，茶叶就已经进入英国，只是直到发现王后嫁妆里的茶叶，英国人的热情才被彻底点燃。

1658年9月23日伦敦《政治快报》上刊登的一则茶叶广告，是英国最早有明确日期的关于茶的记载。

广告"满纸充满了冗长的介绍功能的语言"，先是茶的一般性介绍，然后着重提到茶是"所有医师认可的极佳的中国饮品"，并一一列举了茶叶的药用价值："治头痛、结石、尿砂、水肿、脱水、坏血病、嗜睡或睡眠多梦、记忆力减退、腹泻或便秘、中风。一般情况下，茶叶还可以舒肾清尿、消除积食、增进食欲、补充营养。至于茶的饮用方式，可以加开水、牛奶、糖，还可以加蜂蜜！"

这便是英国人对于茶最初的认识：一种神奇的、包治百病的药草。这种认识恰恰反映了英国人对茶知之甚少。它仅在少数几家咖啡馆中有售，而且售价昂贵，一磅茶可卖6～10英镑。

随着葡萄牙公主凯瑟琳嫁到英国，茶叶遭遇冷淡的局面率先在宫廷中得到改变。据说，在查理二世与凯瑟琳的婚礼上，许多王公贵族举起酒杯向美丽的王后祝贺，但王后均以微笑谢绝，只管举起她那盛满红色汁液的高脚杯与人碰杯。这杯中所盛何物，人们费尽猜疑。参加婚礼的法国王后伺机靠近凯瑟琳，也想尝一下这"琼浆玉液"，机敏的英国王后早有察觉，未等对方开口便举杯一饮而尽。法国王后顿生妒意，回宾馆后便令侍卫潜入王宫，定要弄个明白。侍卫发现英国王后引用的是中国红茶，便偷出少许献给王后，不料出门时被发觉，由此引发当时震惊英伦的"红茶盗窃案"。

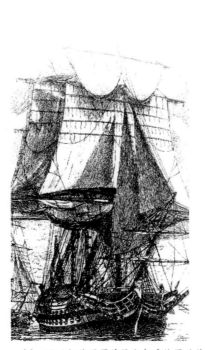

19世纪英国哥德堡商船手绘图及英国"凯琳王后"茶叶

这则茶史趣闻已经真假莫辨，在其背后，是欧洲贵族社会对神秘的东方文化的迷恋。在17—18世纪的西方，一股崇拜中国的思潮正在弥漫。不仅启蒙思想中推崇孔夫子的哲学，而且社会生活中，"中国货"与"中国风"都成为时尚的典范。茶叶、瓷器、漆器、壁纸、屏风、丝绸等极具东方风情的器物，都被赋予了一种静雅绚丽的色彩。

但是在交通极为不便、信息极度闭塞的古代贵州，黔南茶又是怎样走出大山远渡重洋的呢？

第二节　古道茶香

以都匀毛尖为正源的贵州茶，见于文字记载已逾1 600多年。据统计，贵州茶到了明代，在向朝廷进贡的7个布政司和直隶州中，贵州每年均列第二。1936年贵州年产茶200担以上的县有17个，黔南州是都匀、独山、贵定、瓮安4县。1944年贵州茶叶年产量是11 511担，到1949年上升为26 466担，但这也只相当于历史最高年产量的一半。就是这些名目繁多的各色贵州茶，从青山间蜿蜒的驿道上运往码头、口岸，似潮水般销往大江南北、东瀛和欧美……

在都匀市区的西南部，团山、哨脚、哨上、黄河、打铁寨……一个个村寨首尾相接，由南向北迤逦而去，直奔斗篷山。这里的居民以布依族为主，是古代都匀毛尖的原产地。在它的正西面，相距几十千米的云雾山下，簇拥着仰望、关口等18个苗族村寨，是大名鼎鼎的云雾贡茶的家乡。与团山一带的布依族一样，仰望等地生活在高山上的苗族也是世代以茶为业、以茶为生。

黔南的布依族与苗族，这2个相邻且常常交错混居在一起的民族，尽管彼此和睦友好，但各自的文化、风俗等并不相同，区别明显。在历史的记述中，布依族对农耕更为熟悉，农耕文化也更为发达，苗族则更多地倾向于游耕游猎，这在他们各自的文化传统中留下了深深的烙印。

抛开没有文字记载、难以捉摸的历史，这2个地区还有1个共同之处。

打开古代交通地图，人们会发现，1条古驿道由湖北、湖南逶迤而来，连接川渝，穿越贵州，进入云南，通达缅甸、印度和西亚诸国。它就是被称为古代"南方丝绸之路"的盐茶马道。在西北丝绸之路和海上丝绸之路没有开通之前，这条道路承担着中国与西方商贸的重任。"扫尽五溪烟，汉使浮槎撑斗出；辟开重驿路，缅人骑象过桥来。"这首写于明代朱元璋30万大军征南时的古联，道出了古道上的绝代风华。

在这条古驿道的贵州中段，有另一条来自广西的古道与之相接。它沿着环江曲折而上，在广西到贵州独山、荔波黎明关一段被称为"环江古汉道"。驿道经过都匀，穿过苗岭中段的黔南第一高峰斗篷山，在贵定与川黔滇古道相汇。如今，古道上的片片青石已被历史的风雨打磨得光滑玉润，而千年前驮马留下的蹄痕却因此更加清晰可辨。

都匀毛尖产区和贵定云雾茶产区，就坐落在这2条古代的"高速公路"上，而现代高速公路、高速铁路也在这2条古道身侧相伴前行。

商贸是使得种茶能够成为一种生存方式最重要的支撑。借助于这2条盐茶马道，黔南山区迎来了叮当铃响的马帮，山民们将一袋一袋的茶叶放上马背，换取珍贵的食盐、棉线和锅瓢碗盏，黔南古代茶业因此得以兴盛、延续。

可以想见，随着叮叮当当的铃声在云雾里渐渐消失，马帮载着同样珍贵的高山茶叶，西进滇缅、南下湘桂、北上巴蜀……古道这株藤蔓上盛开的茶花，由此艳丽千年。

百里斗篷山盐茶马道

【延伸阅读】

千年黔桂盐茶马道

在黔桂边境高山峡谷的丛林草莽中，绵延盘桓着一条神秘古道，这就是自古被称为"北长城、南古驿"之"南方丝绸之路"的"盐茶马道"。

《中国国家地理》杂志介绍，从广西环江旧屯至贵州荔波茂兰的茶叶贡马官道，全长25千米，由于没有被现代建设的破坏，是目前国内保留最完整的一段古驿道。

从广西通往贵州、云南和四川的官马道，在喀斯特地貌集中的地区，开凿该是何等艰难。现代交通建设借助大型机械可以逢山开路、遇水搭桥，但古代只能利用自然地形，因山势穿行。两广与贵州（贵州明代才建省，秦时黔南荔波等几个县属广西）历史时期地处偏僻，交通不便。秦始皇统一中国，广开的驿道相当于今天的"高速公路"。据《史记·秦始皇本纪》记载"筑长城及南越地"，将修筑到南越的驿道与北长城相提并论，可见其重要性。经西汉武帝、东汉光武帝对岭南地区的用兵及管理，南北水陆道日益便利；至宋代，从广西通往贵州、云南

❀ 贵州古代驿站

的道路已成体系。古道从广西环江旧屯至贵州荔波茂兰的官马大道，由于没有被现代建设的破坏，至今尚有 25 千米被完整保留下来。

古道与一般不同，石灰岩铺就的地面较粗糙，许多地方是人工用石块填补在浅露的石芽之上，显得自然天成。这条黔桂古道一共有 9 个关口，关于这 9 个关口的设置，还有这样一个让广西人占了便宜的趣闻：设关时，广西人和贵州人商量，分别从两头出发，以会合点为界划分关口。结果 8 个关口属于广西，贵州只有 1 个。原因是广西人骑马飞奔，朴实的贵州人在步行。

贵州的关口叫黎明关，关口石墙高约 3 米，用石灰岩巨石垒成，中开石头拱券。时过境迁，沧海桑田，关口虽年久失修，但仍显十分牢固。关口门下有一排石孔，是当年寨门栅栏留下的柱洞。

黎明关谈不上雄关，但地理位置十分重要，是黔桂交通咽喉，这里是贵州打响抗战第一枪的关隘，也是中国工农红军（红七军）第一次进入贵州的地方。黎明关与高山峡谷融为一体，来往的货物除了日常百货、山货以外，贵州的茶叶、贡马由此运到广东、广西上船运往海外；广东、广西的盐、海货、洋货都是从这里运往贵州、云南、四川，其历史经济地位不可小觑。

黔桂古道进入贵州，地势逐步升高，古道从平坦的坝子、丘陵笔直延伸至高原，与远方的峰林形成平面与立体的交汇。黔桂古道以贵州黎明关为起点、两广海关为终点，承载着茶马古道上商业的繁荣、民族文化交流的重任。走进驿道关口，面对满目苍翠的贵州高原，昔日荡漾在峡谷偏僻古道上的马帮驮队的铃声，仿佛还在山间回响，见证了千百年历史的南驿古道，成为中国茶叶进入日本、欧美、印度、东南亚的道路之一。

【延伸阅读】

一个黔南举人的进京日记

在"蜀道之难，难于上青天"的古代，黔南人要北上进京，应该怎样走？是步行、骑马还是乘船？需时多少？要历经多少艰难险阻？如果没有 100 多年前谈安定留下的日记，现代人几乎无法想象。

　　1891年，平越（今福泉市）辛卯科举人谈安定进京赶考，在旅途中，他不顾每天的鞍马劳顿，写下了《北上日记》，给我们留下了极为珍贵的资料。

　　谈安定从平越走驿道到了贵阳，在农历十一月十八日正式从贵阳出发，走龙里、贵定，估计这段路和我们现今公路的线路大致相同，但是到贵定后他直接从贵定走凯里，过重安江，经黄平、施秉达镇远。在崇山峻岭的驿道中行路，其辛苦不言而喻。

　　在明清时期，镇远是贵州交通运输的一个重要枢纽，谈安定到达这里之后就改走水路，乘一种乌篷船之类的船只顺舞阳河而下，出玉屏。这一段水路滩险水急，稍不留神，就可能葬身鱼腹，他用了13天才走了620里路，平均每天不到50里。

　　进入湖南境内，随着沅江汇入主流，水势渐大，船速也逐渐加快，20天时间就从新晃到了常德。谈安定在常德登岸，改走陆路到湖南的最后一个驿站澧州。至此，从入湖南计起，行程达到1 340里，平均每天走66里。

　　到湖北，谈安定过四渡，到公安，又用了10天时间经过沙市、荆门、宜城、襄阳、樊城到湖北与河南的交界吕堰驿，一共走了700里。每天100里，应该也是以车马代步。

　　进入中原，谈安定日记中注明改为骑马、坐轿或乘马车。河南境内，路面上碎石很多，都如拳头般大小，"颠簸特苦"。这些日子，他每天的行程在80里以上，在13天里走过了南阳、叶县、襄城、郑州，渡过黄河，过朝歌、汤阴和豫北边城丰乐镇。

　　过漳河后，行程再度加快，每天达100多里，12天就经过邯郸、邢台、涿州等地，最终到达北京。此时，已是第二年的农历二月初二。

　　按谈安定的计算，总行程大约4 950里，用了73天，除去途中停留5天，实际用了68天，而且大多是晓行夜宿，在"寒飙割面，冻凌裂肌"的隆冬季节里，"启程时路尚不辨"，一直到"至店中，已三更后矣"。抵达北京后，谈安定住进了骡马市大街对面的"贵州公馆"中，完成了从黔南到北京的历程。

联想到100多年后的今天，乘飞机只需2个多小时就能走完古人2个多月的路程，无须经历那么多艰难险阻，无须忍受那么多的痛苦，我们不能不暗自庆幸。

【延伸阅读】

徐霞客游黔南

1638年农历三月间，徐霞客从广西南丹进入黔南："其石极嵯峨，其树极蒙密，其路极崎岖"。三个"极"，将他对黔南从未见过的山高林密道路艰险的第一感觉表达得淋漓尽致。

当地的居民是布依族，他称之为"彝村"或"彝人"。他骑着在入境时换乘的贵州小马，在狭窄陡峭的山路行进，不由叹道："此骑真堪托死生也。"

他终于到了下司（现独山下司镇）。当时上司、下司都属丰宁长官司，二司的土官是杨姓2兄弟，但二人不睦。上司的土官叫杨柚，治理地方较有成效；下司的土官叫杨国贤，地方治理很差，盗匪遍地。在下司，徐霞客以盐换米吃了一顿饭。他带了多少银两上路，没有记录，只知道他是把金银藏在装盐的竹筒里的，能不用钱财的时候尽量不用，所以通常总是以盐换食物。这至少说明当时的贵州食盐奇缺，这种情况一直延续到1953年黔桂铁路通达都匀才获得彻底改善。

下司的土官似乎对徐霞客并不感冒，借口与上司的土官不和，拒绝徐霞客调请民夫的要求，表面上答应派人护送徐霞客，但等了一顿饭的时间也没见影子，徐霞客只得自己花钱雇请了挑夫上路。

到了上司，或许是吸取了下司的教训，他未再与土官打交道。

次日，徐霞客离开上司，前往独山。他奇怪独山州居然没有城墙、城楼。当时独山州有2个知州，一个是土官，他的下属也都是本地人；另一个是朝廷委派的流官，大概是外地官员谁也不愿来上任，所以位置大多空缺，只好由下属代理。这个代理知州的下属也是外地人。

独山虽然没有城，但建筑明显比上司、下司强了许多，街两边都是楼瓦房，"无复茅栏牛圈之陋矣"。

次日，徐霞客离开独山，往都匀方向进发，在深崖石壁间穿行，过了深河桥——"有洞自东谷走深崖中，两崖石壁甚逼，润嵌其间甚深，架石梁其上，为深河桥。过桥，复跻崖而上。登岭而北……过兔场"。按现在的区域划分，之后他应该已经进入都匀地界，到了丙午，但他却说是到了胡家司，或许现在的丙午，就是当年的胡家司吧？

他在胡家司吃了午饭，第一次品尝到黔南的特产米粉。随后"随溪南岸西行，道路开整，不复以蜀道为苦"，道路状况明显好转。这天，他来到了墨冲，那时叫"麦冲堡"。他原本想游览桃源洞，但没找到向导，一个人向和尚要了火把独自去游观音洞。路上遇见一个老者，老者说河里涨水，根本无法过去，他只好铩羽而归，很是失望。

在墨冲，他描绘了一幅这样的图景："小麦青青荞麦熟，粉花翠浪""波耕水耨，盈盈其间"，诗情画意，景色极为美丽。

又走了一天，他到了都匀，入小西门，是都匀郡城。到都匀的第二天一早，他就爬上东山，拜了山上的文庙。见庙里有几个读书人，想起当年被发配到都匀的东林党首领邹元标，便向人打探邹元标的遗迹，那人告诉他，邹元标当年教书的书院就在东门内的南皋书院。

徐霞客向读书人借了都匀的方志来看，觉得太过粗略，而且选择的眼光也有问题，方志上记载的所谓"八景"，都太一般化、模式化，不但与外地的八景不能相比，也并不是本地最有特色的东西。徐霞客认为都匀最有特点的景物是西门大河上新架的石桥，"垒石为九门甚整，横跨洪流"，但不知道为什么志书却没有记载。看来，本地人津津乐道的外地人不感兴趣，外地人感兴趣的，本地人却不在意，这种情形自古就有。

从徐霞客的记述来看，都匀城城区位置大概也就在现在的石板街以上的山坡上，"东倚东山""西瞰大溪"。当时"东山之巅，其上有楼"，西面蟒山"其南峰有梵宇在其上"，现在蟒山上的庙宇已经荡然无存，只留下一些残砖断瓦。在都匀，徐霞客还考证出都匀的仙人洞就是明代的都匀洞（编者注：应为"都云洞"），为都匀名称的来源保存了难得的史料。

　　在都匀停留了2天，徐霞客又上路了。经杨柳街、麻江、福泉、贵定、龙里抵达贵阳。这一段路程，徐霞客写得非常简单，没有一处对当地风景名胜或风土人情的记述，只写了某年某月到某处，完全不像先前，既没有贵定阳宝山塔林的记载，也没有福泉山张三丰高贞观的描述，而到了贵阳之后才又恢复常态，不知道其间有什么原因。

　　过了青岩，道路明显又险峻起来，关隘"萝木蒙密，石骨逼仄。半里，逾其上，又东南下，截壑而过。半里，复东南上，其岭峻石密丛更甚焉"。

　　徐霞客最向往的，是到长顺白云山探访相传是明代建文帝避难地的白云寺，他很细致地描述了寺前相传是建文帝亲手种植的巨杉，寺中必须跪着才能取水的"跪井"，神奇的能流出粮食来的"流米洞"，以及建文帝所建的寺庙。"折而北，皆密树深丛，石级迤逦。有巨杉二株，夹立磴旁，大合三人抱，西一株为火伤其顶，乃建文君所手植也。再折而西半里，为白云寺，则建文君所开山也；前后架阁两重。有泉一坎，在后阁前楹下，是为跪勺泉，下北通阁下石窍，不盈不涸，取者必伏而勺，故名曰'跪'，……中通龙潭，时有双金鲤出没云。由阁西再北

　　❦ 100余年前的定番茶市（今黔南州惠水县）

上半里，为流米洞。洞悬山顶危崖间，其门南向，深仅丈余，后有石龛，可傍为榻；其右有小穴，为米所从出，流以供帝者，而今无矣……洞左构阁，祀建文帝遗像……乃巡方使胡平运所建，前瞰遥山，右翼米洞而不掩洞门，其后即山之绝顶"。观瞻之间，徐霞客感慨唏嘘之情，溢于言表。

徐霞客在解释白云寺的另一个水井"南京井"名称来由的时候说："以其侧有南京僧结庐住静，故以'南京'名；今易老僧，乃北京者，而泉名犹仍其旧也。"那"南京僧"似乎就是建文帝，而为什么后面换成了"北京僧"呢？众所周知，北京是夺了建文帝帝位的燕王朱棣的老巢，这恐怕不是一个巧合。

这天下午，徐霞客登潜龙阁，憩流米洞，观南京井，与来自北京的老僧"对谈久之"，为之怅然。第二天，他仍然没有离开，当夜仍与老僧秉烛夜话，一直盘桓3日方才离寺。

在白云寺，徐霞客首次发现了贵州当地栽种的罂粟，他写道："罂粟花殷红千叶，簇朵甚巨而密，丰艳不减丹药也"。

至此，徐霞客离开黔南地界，完成了他在黔南的旅程。他从农历三月二十七日到四月十八日，前后在黔南游历了21天。

第三节　东渡日本

在日本人的眼中，茶源自中国贵州。日本著名茶学家桥本实先生在他所著的《茶树的起源》中说："居住在贵州山地的少数民族土家族，其发音为'tujia'，与中国的古字'荼'、'槚'的发音相近，似可认为中国茶的发源地在这一带。"

国茶东渡要追溯到唐代。那时日本遣唐使和僧侣络绎不绝地来到中国各佛教圣地修行求学。他们中的许多人在回国时，不仅带去茶的种植知识、煮泡技艺，还带去了中国茶文化的精神，并演绎为茶道在日本发扬光大，形成具有日本民族特色的艺术形式。

茶在9世纪传入日本，但是直到12世纪，一些日本禅宗学者又将其重新从中国引入后，茶才在日本扎下了根。

9世纪初，日本派往唐朝的高僧最澄，将绿茶茶种带回日本，在近江台麓山脚下播下了第一批茶树种子。同时把唐代寺院盛行的"供茶"和"施茶"方法也带回日本，将饮茶作为一种文化加以吸收。这一时期，品茶只限于寺院内，并未推广到民间。

12世纪，一位叫荣西的禅师从中国引入新的茶树品种以及抹茶的制法，并大力宣传佛和茶道。荣西禅师曾向日本天皇奉上自己亲手栽种的茶叶，天皇立即被吸引，并鼓励在日本开发新的茶园。

日本从中国引进茶树后，形成了自己的种植法。这有些像贵州古代农家菜园边上的"园杆茶"，茶树像长长的篱笆一样一行行地排列着，用于采茶的树冠不是平的，而是呈整齐的圆弧形，颇具禅宗美感。

日本与黔南一样只生产绿茶，而且茶叶和都匀毛尖一样为翠绿色。原因是，日本茶在采茶之前的3个星期中，用草席将茶树罩住。两者比较，一个用人工，一个纯天然，但却有异曲同工之处。这也是都匀毛尖深受日本人喜爱的原因之一。

荣西还研究中国唐代陆羽的《茶经》，写出了日本第一部饮茶专著《吃茶养生记》。他认为"饮茶可以清心，脱俗，明目，长寿，使人高尚"。他把书献给镰仓幕府，自此上层阶级开始爱好饮茶。饮茶之风在日本盛行开来，荣西也被尊为日本的"茶祖"。

在此期间，中国宋代饮茶，将茶叶碾碎泡水搅拌后倒出饮用的泡茶法被引入日本。后来宋代泡茶法成为日本茶道的基础。与此同时，宋代的茶具精品——天目茶碗、青瓷茶碗也由浙江传入日本。其中天目茶碗在日本茶道中占有非常重要的地位。日本自饮茶之初到创立茶礼的东山时代，所用茶具只限于天目茶碗。后来，因茶道的普及，一般所用茶碗为朝鲜和日本仿制品，天目茶碗愈显珍贵，只在贵客临门、向神佛献茶等比较庄重的场合使用。

15世纪时，被后世尊为日本茶道开山鼻祖的田村珠光首创了"四铺半草庵茶"，提倡顺从天然、真实朴素的"草庵茶风"。田村珠光认为茶道的根本在于清心，因此将茶道从"享受"转为"节欲"，体现了修身养性的禅道核心。

其后，日本茶道中承上启下的一位人物武野绍鸥，继承田村珠光的理论并结合自身特点，独辟蹊径地开创了"武野风格"。武野绍鸥将日本和歌"冷峻枯高"的美学应用于对茶室、茶具和茶礼的改造实践中，使之与田村珠光的"草庵茶"风格融会贯通，创造了更为简约枯淡，而又切实可行的"佗茶"（又称"和美茶"）。"佗"的正意为"寂寞""寒碜"和"苦闷"。传至武野绍鸥手中的时候，"佗"又被他赋予新理念："正直""谨慎""自律""勿骄"。用诸茶道，则为：邀三五知己，坐于简捷明澈的茶室，彼此待以至诚之心，共同在茶馨香中了却人间俗事，寻求物我两忘的意境。

16世纪，武野绍鸥的徒弟，享有"茶道天才"之称的千利休，将以禅为中心的"和美茶"发展成贯彻"平等互惠"的利休茶道，成为平民化的新茶道，并在此基础上归结出"和、敬、清、寂"的日本茶道宗旨："寂"以养志。至此，日本茶道初步形成。

日本茶道发扬并深化了唐宋时"茶宴""斗茶"的文化内涵，形成了具有浓郁本土特色和风格的民族文化，同时也潜移默化地受到中国茶文化的巨大影响。

第四节　茶风西渐

中国是茶树的原产地，中国在茶业上对人类的贡献，主要在于最早发现了茶这种植物，最先利用了茶这种植物，并把它发展形成我国和东方乃至整个世界的一种灿烂独特的茶文化。

在中国近代史上，有一个常被挂在嘴边的词语"西风东渐"，意思是近代欧美思想观念对中国产生重大影响。人们不知道的是，在历史上，在西风东渐之前就已经有"茶风西渐"早早征服欧美。

16世纪西方接触到中国的茶叶，那时欧洲人崇华之风十分流行，在他们的眼中中国的一切都是好的。1560年，葡萄牙耶稣会传教士克鲁兹乔装打扮混入一群商人队伍中，花了4年时间来往于中国贸易口岸和内地，终于搞清了茶的用途。回国后，他把自己几年所见所闻写入了《中国茶饮录》，这是欧洲第一本介绍中国茶的专著。

1606年，荷兰东印度公司从中国购得的第一批茶叶运抵阿姆斯特丹。最初，销售并不理想，茶叶被欧洲人疑为有毒之物。然而，王室的饮用，使追求时髦的贵族妇女纷纷仿效，可她们担心茶叶有毒，于是制造了许多笑料：饮茶之后必需喝白兰地排毒或者煮好茶后把茶汁倒掉，然后用盐或椒之类把茶叶渣拌着吃。

茶随着贵族阶层的饮用迅速流行起来。由于茶叶属于奢侈品，被征收重税，走私茶叶利润巨大，以致不少水手铤而走险。一个名叫罗伯特·特罗特曼的走私犯，因走私茶叶被打入了死牢。在他墓碑上，至今仍然留存着让历史学家感慨不已的铭文："一点儿茶叶，我偷的不多。上帝啊，我的血流得冤枉。一边是茶叶，一边是人血，想想，就因这杀死了一个无辜的兄弟！"

在咖啡和茶饮进入欧洲之前，欧洲人习惯饮用生水，到了18世纪40年代，茶饮已经完全改变了英国人喝生水的传统习惯，加上茶叶本身的利胃清肠作用，使得母亲们分泌的乳汁比以往任何时候都要健康有益，人民疾病大幅下降。他们甚至断言：中国茶叶改变了英国，为之后到来的工业革命储备了大量必需的人力资源。

欧洲人不甘心茶叶被中国垄断，英国驻印度总督达尔豪西侯爵在1848年7月3日下达给福钧一道命令："你必须从中国盛产茶叶的地区挑选出最好的茶树和茶树种子，然后由你负责将茶树种子从中国运送到加尔各答，再从加尔各答运到喜马拉雅山。你还必须尽一切努力招聘一些有经验的种茶人和茶叶加工者，没有他们，我们将无法发展喜马拉雅山的茶叶生产。"

福钧充当起经济间谍，报酬是每年550英镑。

当年9月，福钧抵达上海。当时的上海还只是一个根据《南京条约》向外国人开放的小港口。

在跋涉于绿茶区的过程中，福钧发现，这里多雾的气候和富含银元素的土壤很适于种植药用茶。他由此了解到何种气候和土壤才适于种植优质茶。在宁波地区，他采集到许多茶种。由于他出手大方，表现得体，主人常常拿出珍藏的最好的茶招待他。

1848年12月15日，福钧在写给英国驻印度总督达尔豪西侯爵的信中说："我高兴地向您报告：我已弄到了大量茶种和茶树苗，我希望能将其完好地送到您手中。在最近2个月里，我已将我收集的很大一部分茶种播种于院子里，目的是不久以后将茶树苗送到印度去。"他信中所说的院子，是英国驻当地领事馆的院子以及一些英国商人住所的院子，福钧用这些院子来试验种茶树。他发往加尔各答的每批茶种和茶树苗都是分3艘船装运的，目的是尽量减少损失。

1849年2月12日，福钧来到著名的红茶产区武夷山，住宿在一些寺庙里。他从寺庙的和尚那里打听到了一些茶道秘密，特别是茶道中对水质的要求。这一次，他乔装成知识界名流，了解到了使绿茶变成红茶的过程。

在去印度前，福钧招聘了8名中国工人，聘期3年。1851年3月16日，福钧和他招聘的工人们乘坐一艘满载茶种和茶树苗的船抵达加尔各答。他们的到来使喜马拉雅山的一个支脉的山坡增加了2万多株茶树。

3年后，福钧终于完全掌握了种茶和制茶的知识和技术。回到英国，福钧发表了他的旅行手记，删去了原稿中与他的间谍使命有关的细节。

福钧的中国行窃为西方品茗者和草本植物学家解开了一个谜团：长期以来，他们一直相信茶树有绿茶树和红茶树之分，而福钧却告诉西方人，绿茶与红茶的区别，只在于制作工艺的不同。他的这一观点起初受到了公众和专家的嘲笑，他请印度去的制茶专家在英国亲自验证后才得到了认可。

福钧窃取中国的茶叶机密，无疑是世界茶史上重大的分水岭。1866年，在英国人消费的茶叶中，只有4%来自印度，而到1903年，这个比率却上升到59%。中国销售给欧美的茶叶比率下降到了10%。在这一惊人的数字背后，相对应的是茶叶原生地中国的国际茶叶贸易量的急剧滑坡与衰落。

【延伸阅读】
茶叶改变了世界

茶叶改变了欧洲人的生活方式，为英国的工业革命储备了雄厚的人力资源，也由此引发了美国的独立战争。

1776年，英国通过议会法令向美国殖民地征收茶税，每磅茶叶征收3便士，用来维持驻扎在殖民地的军队和政府官员的开支。由于美国合法进口和购买的茶叶都来自英国东印度公司，因此人们没有办法逃避这种新赋税。

在法令通过的2年内，大多数美国港口拒绝任何征税商品上岸，并且当英国从伦敦运送茶叶到美国时，美国民众群情激奋，在纽约和费城示威游行，要求英国运茶船返回英国。在查尔斯顿，海关官员扣押了茶叶；在波士顿，发生了几个星期的大规模骚乱。厌恶被称为土著人的一群美国人登上了"达特茅斯号"船，叫喊着"波士顿港口今晚将成为一个茶壶"。接下来，他们把340箱茶叶扔入水中。这以后英国政府关闭了波士顿港口，派遣军队到美国。这标志着美国独立战争的开始。

在亚欧大陆，当18世纪20年代以后欧洲各东方贸易公司竞相从事对华贸易时，它们均面临同样的问题：如何支付买茶叶的费用？欧洲产品在中国几乎找不到销售市场，18世纪的中国经济建立在手工业与农业紧密结合的基础上，发

❦ 东茶西进

达的手工业和国内市场使中国在经济上高度自给自足。100多年以后主持中国海关总税务司的英国人赫德在其书中写道："中国有世界最好的粮食——大米，最好的饮料——茶，最好的衣物——棉、丝和皮毛，他们无须从别处购买一文钱的东西。"

经济上高度自给自足和相对较低的购买力，使欧洲产品的中国市场非常狭小，唯一例外的是中国对白银的需求。大规模的中西贸易由此找到了支点：西方人用白银交换中国的茶叶。1784年，英国东印度公司在广州的财库尚有20余万两白银的盈余。翌年，反而出现了22万两的赤字。为了弥补东西方茶叶贸易巨大的逆差，东印度公司专门成立鸦片事务局，开始大规模向中国贩卖鸦片。不久后，令中华民族丧权辱国的鸦片战争爆发了。

茶叶的西进之路，在美洲大陆，引发了一场战争，使一个国家走向独立；在亚欧大陆，也引起了一场战争，使一个帝国走向衰落。茶叶就这样改变了历史，改变了世界。

第六章

悠扬民族风

没有帝王贵胄流连的足迹，没有唐诗宋词华丽的簇拥，黔南茶的文化内涵自成一体，它显现在黔南茶的每一个细节里，刻画在浓郁的民族习俗里，凝结为另一种韵味的茶文化。

　　在长达数千年的历史中，长期处于世外桃源的黔南，发展出与众不同、唯我独具的茶文化，民族特色因此成为茶文化中最为突出、最为重要的基因。

第一节　茶的民族称谓

　　从古至今，茶的名称很多，如荼、诧、荈、槚、苦茶、莈、茗、皋卢、茶，等等。

　　"荼"字最早见于《诗经》。这部中国最早的诗歌总集一共出现了7处关于"荼"的描写，如"采荼薪樗"（《豳风·七月》）和"谁谓荼苦，其甘如荠"（《邶风·谷风》）之句。然而专家考证发现，此"荼"非彼"茶"，这些"荼"并不是现在意义的"茶"，它们大多是苦菜一类的植物。

　　在黔南，茶在称谓上自成一体，从语言学上揭示了黔南茶文化独特的源流。

　　黔南布依族保存了一部分茶叶的古称，他们普遍称茶为"改""荈"，黔西南州贞丰的布依族则称茶为"莎"。在西汉司马相如的《凡将篇》中，茶被称作"荈诧"，与布依族对茶的称谓在发音上十分相近。

　　实际上，布依族也是黔南保存古茶饮较多的民族，他们的"打油茶"制作与"擂茶"类似，不过制作更为复杂，更倾向于古代的"粥茶"法。

　　相对布依族，黔南苗族方言对茶的称谓除音调上有差异外基本一致。"茶"被称为"吉""几""及"。如贵定、龙里、惠水的海葩苗称茶为"几"；都匀、三都一带的苗族称茶为"无及"。都匀的瑶族分支绕家把茶称为"糯记"。

　　各民族对茶不同的称谓，不仅仅是语言的差异，也表明各民族对茶认知相对的独立性。苗族各地区各方言支系对茶的称谓基本统一，则可以认为，在苗族各支系分离之前，茶已经介入他们的生活之中。因此，中国茶界泰斗、浙江农业大学庄晚芳教授在《茶的始用及其原产地问题》一文中推论说："现从……茶方言

❦　采茶归来（吴建成　摄）

及饮茶方法等，均可证明茶的始用是在原始社会时期，在川、贵、滇交界山区少数民族已开始采用植物为食料的同时采用了茶叶。"

第二节　茶叶中蕴含的民族美食观

悠久的茶文化历史让黔南各民族产生了丰富多彩的茶饮文化，但几乎所有的茶饮，都有着同样的特点：鲜、嫩、香。

鲜、嫩、香一直是黔南少数民族美食追求的第一要素。

在黔南人的观念中，食材的新鲜永远是第一位的，"吃新"是黔南各个民族的最爱。每当稻谷成熟，就是"吃新节"、端节、吃刨汤等大型民族节日的开端。节日的一个重要内容，是吃最新鲜的稻谷、从田里抓来的活鱼和现杀的猪、牛。

即使对不得不存放的食品，也设法用"酸汤"之类的酱料，把食材制作得口感鲜嫩。

黔南是中国辣椒制法最多的地区，火刨辣椒、煳辣椒、油辣椒、糍粑辣椒、糟辣椒，应有尽有，但是，无论花样如何翻新，都体现了设法激发辣椒鲜香的美食原则。

都匀毛尖的制作加工，也充分体现了黔南少数民族的美食观念。

在关于茶叶的文字中，最早出现的是"茗"，指茶树的嫩叶。都匀毛尖在历史上有一个别称——"雀舌"，将嫩叶具体形象地描述出来，表明在古代，黔南茶始终保持只采摘"茶芽"的习俗。这是黔南茶品质优良而产量低下的关键，但却充分地表现了少数民族对茶叶"鲜嫩"的美食追求。

在采摘过程中，要求采茶人用手指肚"撇"断茶芽，而不许用指甲"掐"断，他们认为，用指甲掐断的茶叶会形成"黑头"，给人不新鲜感。他们要求采摘的茶叶必须尽快放进通风的竹篓，不许将茶叶握在手心里，这是因为手心的温度会让茶叶蔫缩，不新鲜。他们还要求，当天采摘的茶叶必须当天炒制，这依然是为了保持新鲜。

为了新鲜，黔南的茶人们已经到了对每一个细节殚精竭虑的地步，宁可降低茶叶产量，宁可放慢采茶速度，宁可增加时间成本和人工成本，只为了那两个字：新鲜。

在炒制中，黔南茶人把要点转移到"提香"。他们用高达近300℃的大火炒青，不惜双手在高温中发红发紫。他们认为，这样会尽快挥发茶青的水分，激发内中的香气。为了茶叶的香气，他们还特别设计了一道工艺：在最后的烘烤工艺前猛力提升火力，要求在1分钟之内迅速将火力提升10℃以上。他们认为，突然提升的温度有利于激发茶叶的香气。

茶叶是最易吸味和吸潮的食品，一旦有异味进入或受潮，一切努力都将化为乌有。为了避免异味，黔南茶人绝对不会用肥皂和任何洗护用品洗手。为了防潮，他们将木炭或石灰放进坛子里，再用防潮防异味的白皮纸封包干茶，这才装坛封存。

【延伸阅读】

多彩的民族茶饮

在黔南少数民族习俗里，茶无处不在，从出生、嫁娶、节庆、丧葬到造房，茶礼茶俗是一根贯穿民俗文化的神秘丝线，在他们的生活中熠熠生辉。

布依族的"姑娘茶"（布依语："央哨几"）

清明茶是茶中最精妙优良的茶叶，旧时民谚说："明前是宝，明后是草"。每当清明节前，布依族的姑娘们便上山采摘和她们一样"青翠欲滴"的"雀嘴芽"，加工成顶级的茶叶。她们精心地将茶叶一片一片地叠放成圆锥体，再经过整形处理，制成一卷一卷的"姑娘茶"。

"姑娘茶"形态优美，质量也格外优良，是茶叶中的精品。她是布依族姑娘纯洁、珍贵的感情象征，所以，"姑娘茶"一般并不出售，只作为珍贵的礼品赠送给亲朋好友，或在定亲时，作为信物赠给恋人。

以茶传情、以茶表心，高山美茶因此多了一份青春的向往和爱情的纯真，是布依儿女"羞答答的玫瑰"。

"姑娘茶"冲泡程序：

洗杯：又名"沙浪沙"。用沙井水洗净杯碗。"布依住河边、苗家住山巅"，谚语道出布依人的水之灵。在布依人家做客，布依姑娘一定要取沙井水来为客人洗杯泡茶。

赏茶：又叫"央哨几"，意思是"姑娘们"采制的"姑娘茶"，请客人观赏，意喻对客人的尊重。

置茶：又名"画眉入山"，当着客人的面将茶投入茶壶。

洗茶：又名"布谷报春"。洗茶时茶叶在水中展开变绿，意喻大地回春。

煮茶：布依"央哨几"的壶泡法为"三煮三泡"。第一次倒入少量的水，将茶叶浸润展开；第二次倒比第一次较多的水，将茶味激发出来；第三次倒入一定比例的水，将茶香沏出来。

分茶：分茶按布依人家的族规，先客后主，将空杯碗摆放在客人面前（碗多用于喝布依蜂蜜米花茶）。

敬茶：敬茶由姑娘提着茶壶走到客人面前，将泡好的"央哨几"倒入空杯中。瞬间杯中一泓春潮涌动，一股醉人的芳香飘出。随后一首古歌从门外寻香传来："长在山里，死在锅里，埋在壶里，活在杯里。"

打油茶

打油茶与"擂茶"类似，不过制作更为复杂，也更倾向于食饮"粥茶"。它先把黄豆、玉米、糯米等用油炒熟混合放在茶碗里，然后用油把茶叶炒香后放入少量的姜、葱、盐和水煮，直到沸腾为止，去渣后倒入茶碗里拌匀。布依族打油茶免去了舂碓，增加了主食、炒煮和用油，强调食品的鲜香口感和味觉。

在现代，打油茶还"引申"出许多简化形式，如葱油米花茶——将蒸煮晒干后的糯米用油爆炒，然后加葱花、盐等调味品，最后加茶叶烹煮。而蜂蜜米花茶，则是用以招待女性客人的"打油茶"。

还有的打油茶对罗筛十分讲究，用翠鸟的羽毛和银丝装饰。

都匀打油茶

从发展的角度来看，打油茶大约应当属于"后擂茶"阶段，脱离了"药饮"，成为一种食品＋饮料的粥茶。所以布依族有"早茶一盅，一天威风；午茶一盅，劳动轻松；晚茶一盅，全身疏通；一天三盅，雷打不动"之说。

擂茶

把茶叶炒香（焦）后用擂钵捣碎成粉末状，用开水冲泡后，再用滤茶器将茶渣滤出即可饮用。擂茶沿袭的是宋朝泡茶法——将开水倒在碾碎的茶叶上，浸泡一段时间，再将茶搅一下然后将茶水倒入茶杯饮用。擂茶9世纪传入日本后，成为日本茶道的基础。

煎茶

以都匀毛尖为原料，将茶叶用油（菜油或猪油）炒制，待稍有焦味，茶香溢出即冲开水饮用，佐以油炸糖麻圆、五色花糯饭。

咪咪茶

用老茶叶与水（茶占水的1/3）煮开30～40分钟，茶汤呈红褐色。此茶可解油腻、味浓鲜，被称为"火塘工夫茶"，意是茶味浓鲜苦涩要有一定的功夫才能喝下这种茶。

米花茶

米花茶为近几十年出现的茶饮，有蜂蜜米花茶和姜盐米花茶。

蜂蜜米花茶：将茶叶烤焦后，用开水冲泡，然后将茶叶滤去，用茶水冲泡蜂蜜和油炸米花，佐以都匀冲冲糕、黄糕粑。

姜盐米花茶：将茶叶烤焦后，用开水冲泡，然后将茶叶滤去，用茶水冲泡配好的姜丝、盐和油炸米花。

盐茶鸡蛋

将茶叶、鸡蛋、盐与少量的大料一同煮开，煮到一定的时间，将鸡蛋壳敲破再煮，直煮到鸡蛋入味便可食用。

纸烤茶

黔南各民族中有许多有趣的饮茶习俗，其中纸烤茶别有风味。

当客人走进吊脚楼，在火塘边坐定，主人便把装有沙井水的鼎罐放在火塘的三角上为客人烧水泡茶。眼看着鼎罐中水渐渐涨沸了，主人抬出一眼烧着火的木炭炉，炉旁摆放一张白皮纸与上好的毛尖茶，然后将一个个空茶碗按照族规，先客后主摆放。一切妥帖，主人抓起一把茶叶薄薄地摊在白皮纸上，双手撑起，将茶叶放在木炭火上慢慢烘烤。一会，主人将烤好的茶叶放在茶碗中，从鼎罐中舀起沸水往碗里一冲，只听"呲"的一声，云气从茶碗里腾起，顿时满屋茶香。

据村民们说，隔着白皮纸烘烤的纸烤茶，被除去了异味，"火中取宝"变得干透而微热，经沸水猛一冲泡，不但发汤快、香气全出，茶味也特别清纯、爽口。

夜郎茶膏

每年春天，都匀、贵定、龙里一带的苗族上山将茶树的嫩枝嫩叶采摘回来，洗净、切碎放在鼎锅里，架在火塘上熬煮成一锅浓浓的茶汤，然后捞取粗枝败叶，再用文火将茶汤熬制成膏状，装入陶罐内备用，饮用时用竹筷、木勺挑出一点茶膏放在杯中，再冲上开水即可。也可用冷水冲饮，特别是夏天既方便，又解渴。还可用牛奶、米面、豆面拌吃。苗族茶膏被史家称为世界上最早的"速溶茶、速溶饮料"。有专家称英国立顿的袋装速溶茶就是从中国的"茶膏"获得的启示，所不同的是饮用立顿的袋装茶已成当代白领时尚，而我们仿佛仍停留在1 000多年前膏茶制作的"活化石"年代。

汉武帝建元六年（前136年）遣中郎将唐蒙通夷，发现夜郎市场上有枸酱、茶、雄黄、丹砂等商品，市场相当繁荣。枸酱有讲是酒，有讲是古濮人的茶膏。2013年，时任黔南州政协文史委主任刘世杰陪同全国政协文史委主任、中国著名茶叶史学家刘枫，在苗岭云雾山苗寨无意间品尝到流传中的"夜郎膏茶"。

云雾山里的苗寨，地处千里苗岭的古驿道上。寨佬告诉刘枫，"膏酱茶"是他们老辈人传下来的"不老几"（苗语茶），汉武帝时的唐蒙、三国时的诸葛亮都喝过他们的"不老几"。寨佬还说，诸葛亮还拿他的刀并教苗寨人制作"刀夹"（装砍刀的木夹和放镰刀的竹篓）来换取"膏酱茶"。

如今，尽管有专事生产销售茶膏的商业公司，布达拉宫也还有专制茶膏的作坊，但依然可以说，黔南是中国唯一保存了药饮原始形式的地区。因为古时贵州是中国膏茶的主产地，每年除一部分作为贡品运去京城，其余的经2路进入西藏：一条是由四川入藏，另一条由云南进藏。

瓮安虫茶

虫茶是虫非虫、茶非茶，其制作别具一格。

茶农在春夏之交采摘茶叶放在竹篓或木桶里，浇上米水，让它充分发酵，散出特有气味，吸引一种名为夜蛾的昆虫来生育繁殖。夜蛾的幼虫喜食腐烂的茶叶，吐出一粒粒比油菜籽还小的物质，到次年的四五月份，茶农将夜蛾幼虫吐出物收集起来晒干，这便是虫茶。

利用昆虫对茶叶进行生物加工，使虫茶与蜂蜜有异曲同工之妙，具有很好的保健作用，可清热、去暑、解毒、健胃、助消化等功效。著名生物科学家苏步青，抗战时在黔南考察虫茶后，感叹古人利用昆虫"蚕食"茶叶和糯米，在体内加工合成虫茶，而这样的"密码"一直困惑着生物学家们，因为现代生物工厂至今还无法加工合成虫茶。

【延伸阅读】

穿裙子熬茶的男人

黔南一些地区的苗族可能是目前中国唯一男人穿裙子的民族。

龙里县仓山镇一带的苗族男装，头包青色布帕，形成一个大圆盘，用红丝线整齐地缠绕成"人"字形图案，帕上再插2根长雉尾羽，戴与女装相同的纤细银项圈、银锁于胸前，项圈后颈处用药珠缀成几个小三角形，下系小银铃，银铃旁边还有小红缨若干。上衣为蓝土布大襟右衽衫，腰带下，左系挑花飘带裙9块，或系9块挑花手帕，层叠挂在腰间，每块手帕和飘带挑花纹样十分精致。背上吊一块背牌，红底白花，背牌下方由海贝编成四角花，药珠串围其边，每个海贝下各缀长30厘米的红缨，有的还在腰前系一黑底红色花纹挑花围巾。

这些男人似乎是"不爱武装爱红装"，其实恰好相反，这些红裙更像是古代的战袍、盔甲，穿着它们的苗族青年个个英气逼人，威武豪迈。他们就常常穿着这样的裙子熬茶，成为山寨的一道风景。

【延伸阅读】

和珅与黔南膏茶

茶膏早在3 000多年前就作为贡品进献给周王朝，而周王室也敬以待之，当作祭祀大典上不可缺少的珍贵物品。

清朝乾隆四十五年（1780年）二月，和珅过贵州品饮茶膏后，或许茶膏与满人的奶茶有某种联系，他便喜爱上了贵州这个"万病之药"，随后每年贵州贡茶中均有一定的茶膏进贡。茶膏进贡主要是用竹篓包装运输。

在古代茶饮中，茶膏是最古老的茶叶加工制作方式，与古代茶叶原始的药用方式也最为接近。在古代，茶膏颇为皇家和王公贵族推崇，是皇室专用，史上有"八色贡品"之说。能够得到它的只有一个途径，就是皇帝赏赐。得到赏赐的大臣也轻易不舍得使用，往往把它当成高级药材存放，身体不适时才拿出冲饮。传说和珅被抄家，获财无数，所抄钱物尽入国库，嘉庆皇帝唯一收回皇宫的只有500克茶膏。史书上记载："茶膏名遍天下，味最酽，京师尤重"。乾隆皇帝《烹雪》诗赞道："独有茶膏号刚坚，清标未足夸雀舌"。

如今，走进黔南民族村寨，你会发现，那种"药饮"茶俗依旧如古茶树一样枝繁叶茂。在贵定县云雾镇岱林村、龙里县龙山镇王寨一带，这种古老的茶饮依然原汁原味地保存着，当地人称其为"膏茶"，改换成汉语的语言习惯，就是"茶膏"。

第三节　向先辈致敬的制茶礼仪

在历史上，明前茶主要用于清明各种祭祀活动，采摘和制作前都要举行祭祀仪式。但因布依族信仰祖先崇拜，无行业神，所以祭祀茶神实际上是在向先辈致敬。

祭茶神台选择建在茶山上一块较为平缓的空地，也是茶山的最佳位置。祭祀前，村寨老少尽出，到路口吹号迎接参加祭礼的宾客。茶农们将红烛燃起，祭台上供猪头1个、活公鸡1只，台前果、茶、香齐全。

良辰吉时一到，主祭一声令下，长辈带领布依族茶农衣冠整齐地分列在祭茶神台前，待长长唢呐向着天空吹响时，众人半蹲以示向茶神行礼。主祭率长者诵唱祭文请茶神，其意为：大山有茶树，大家过好生活；茶神恩德，世代不忘，今日是吉日，一起来祭茶神。祭主喊道"尹牙阿，布依，布饶"，这是呼唤茶神降临倾听茶农的述说。紧接其后，即作"领牲回熟献牲"仪式。"领牲"，即绕神案3圈，把公鸡抱在神案前，祭主举起双手祈祷说："今天村里代表朝拜茶神、敬献公鸡，请茶神领收。"然后，布依族茶农紧跟主祭，绕场3周播撒茶种子和茶水，以示祈求茶神庇佑。

炒茶前的祭祖，也是布依族茶人炒茶前必不可少的仪式。每年炒制第一批春茶时，在炒茶前须祭祖。仪式在室内堂屋举行。在神龛前插烛燃香，传承人捧香向神龛3鞠躬上香为礼，请求祖先神灵庇佑茶叶制作顺利。

每年炒制出第一锅茶后，品茶时也须举行仪式。泡茶后，传承人斟茶3杯，第一杯浇在地上或茶盘里，表示敬天地神灵；第二杯自饮品尝；第三杯浇在地上或茶盘中，表示敬客。

在各项仪式中，人们不难领略到少数民族对先人的感恩，对茶事的庄重。

第四节　贯穿人生的礼仪

在黔南少数民族生活中，依旧保存着古老的茶俗。在这里，茶已经超越了食品的意义，与人生礼仪融为一体，成为从出生到去世、从结婚到生育，人生的每一个重要阶段都不可或缺的重要物品。

"三茶六礼"

"三茶六礼"是旧时流行于江南的汉族婚俗，在明朝洪武元年（1368年）根据朱熹《家礼》被定为婚礼，后随明军征南而传入贵州，被少数民族人民接受并传承至今。以都匀布依族为例，"三茶"是下茶、定茶、合茶，而"六礼"则为纳采、问名、纳吉、纳征、待期、亲迎。"三茶六礼"贯穿布依族从求亲到结亲的整个过程，以茶为名、以茶为礼，反映了茶在人们生活中的重要地位。

Ɏ 都匀布依族婚礼

　　布依族男女青年在生产生活中相识相恋，如果有意婚嫁，男方家长便会托人到女方家询问女方家长的意愿，称为"纳采"；若女方也有意结亲，男方便向女方询问女子的出生年月日时（所谓"八字"），称为"问名"。讨得女子八字后，男方便需将男女双方生辰八字排阴阳，定婚姻吉凶，称"纳吉"，若八字合，才可正式托媒求亲。此时，媒人须携茶礼去女方家，便是"下茶"。女方应允，就收下茶礼，称为"受茶"，然后就须泡茶、煮茶鸡蛋款待媒人。在旧时下茶礼中必须有茶叶。女方"受茶"后须回礼，此后该女子就不可再许配他人了，俗称"已吃了茶了"。

　　下茶礼后双方便择吉日办订婚酒宴，俗称"安心酒"，酒一吃婚事就确定了。办酒宴前，男方还须备厚礼往女方家"报定"，叫"下定"礼。女方家接定礼后，便在宅堂备香烛酒果，告盟三界。此为"定茶"。

　　在定茶以后到迎娶之前，男方还须择日举行"过礼"仪式：所送聘礼除首饰、衣料之外，还有茶果、酒肉等，以及酬谢恩仪、梳仪、茶仪、轿仪、盒仪、烛仪等人士的6个装有茶果的木盒。女方收下此礼称为"纳征"，即表示同意完婚，双方就可以进入商议婚事阶段。男方问卜定日，并将男子的生辰八字和日期写在贴上，连同迎娶前的彩礼一起送往女方家，此称"待期"。女方收下后便可确定婚期，到时男方可直接去女方家迎娶。

迎娶又称"亲迎"，是人生中最隆重的仪式。这一天接亲队伍在押礼先生的引领下，挑着红纸包扎的猪腿肉、米酒、1只鹅、1只鸭、1只公鸡、1包茶叶、新衣新被和4个用红颜料写着"鱼水合欢"的糯米粑，俗称"合茶"礼，一路吹吹打打来到新娘家。此时，新娘的长辈鸣放铁炮，打开正门迎客。

押礼先生走进堂屋，返身接过随从递上来的一块供新娘家祭祖用的熟猪肉，双手捧给新娘的父亲，然后用"纳采"调，唱起故老传下来的"十二部对歌"与女方家歌手对歌。"纳"是布依族婚礼中歌曲的起音韵调，就像现代音乐中的调号和节拍。对歌中押礼先生必须用"纳"的音韵起音对唱；"问"是对歌歌曲的尾音调。双方唱着"猜歌"，"问"对方歌手"纳"的起音与"问"的尾音，这是布依族婚礼中对歌取胜的主要判断依据。

都匀布依族婚礼

进屋"讨八字"仪式。"讨八字"神圣而有趣，神圣的是"八字"与茶供在神龛上；有趣的是尽管在吃"下茶"时，男女双方的"八字"已经议对过，但待到男方家来接亲时仍要讨新娘的"八字"。"讨八字"时，女方家将新娘的生辰八字写在一张红纸上，置于1只空碗里盖好，尔后用7只同样的碗各装一碗"女儿酒"。"女儿酒"是布依族人在女儿出生时，父母为她酿的一坛酒，窖在堂屋后，待到女儿出嫁时挖出开坛饮用。对歌完毕后，押礼先生指着桌上的盖碗讨要"八字"。当他手指其中一个盖碗揭开，原来是一碗满满的"女儿酒"。观众一看押礼先生未猜中，满堂大笑，齐声呼喊："喝酒！喝酒！"押礼先生只好将酒喝下，接着，又猜又喝，以此作难押礼先生，直到他从一"真"七"假"中猜中"八字"碗为止。

讨得"八字"后，便举行"六礼制"，押礼先生将男方家送来的鹅、鸡、酒、茶果、衣服、猪肉"六礼"交给女方家。"六礼制"中"鹅"是必须要有的礼品，"鹅"用于"祭雁"礼。旧时，男方家花轿至女方家，女方家引导入室，略用茶点，然后执大雁登堂举行"祭雁"仪式，寓意的男女双方像大雁一样忠贞不贰。"祭雁"礼相传是600多年前明军征南时把江南汉族婚姻风俗带来贵州的，男方在迎亲时必须要由主持人执雁前导举行"祭雁"仪式。现今布依山寨借用鹅替代大雁，进行"祭雁"仪式。

讨得"八字"，办过"祭雁"仪式，新娘家便举行发亲仪式。按照布依族传下来的婚俗，新娘出嫁时，由新娘家的舅舅（新娘的哥或弟）背着盖头帕的新娘出门，出门前新娘要背对堂屋反手扔一把筷子在地，寓意未来的生活快快乐乐。随后舅舅背着新娘，跨过摆在大门槛前的马鞍，寓意新娘一生平安。然后新娘拿起预先放置在屋檐下的竹竿，往屋檐口戳3下，寓意对娘家的依恋。最后舅舅背着新娘，在伴娘的红纸伞下，踏着唢呐和长号的迎亲曲，朝着新郎的村寨走去。

来男方家后，新婚夫妇拜堂有喝"交杯茶"和"请茶"的"习俗"。交杯茶由男方家的女性亲属托着两盅茶水，献给新郎新娘，新郎新娘都用右手端起茶盅，相互交叉成连环套，而后将茶盅送至嘴边，不可有半点茶水泼掉，以示夫妻恩爱、同甘共苦、家庭幸福。此为"合茶"，取百年好合之意。

"请茶"，即在开席前或吃酒席期间，新郎提着茶壶，新娘双手端着放了8个杯子的茶盘，在男家有威望的嫂子带领下，依次向席间的姑妈、姑父、舅父、舅妈等长辈亲戚和长哥、长嫂敬茶。客人喝完，将杯子还给新娘，同时说上一些祝福的话语，送上"压床钱"，寓意婚后早日生个大胖小子，俗称"请茶钱"。

婴儿涂茶剃胎发

在都匀、贵定布依族地区，婴儿出生的第三天，要举办吃煮茶的仪式。在这个新生命降临的庆典里，茶是主角。族人们用熬煮的茶水为新生婴儿洁身和洗眼，称"三朝茶礼"，它预示婴儿眼睛明亮、健康成长。在这个仪式中，人们看到的还有神农以茶解百毒的古老含义。

头发是孩子健壮的象征，因而婴孩在满月时，要举办"涂茶剃胎发"仪式，以祈求新发漆黑浓密。主持仪式的家族长者将一碗清茶敬于祖宗牌位之前，请神灵庇佑婴孩。然后用茶水在孩子的额头与发际间轻轻揉搓，口中念道："茶叶清白，头发清白……"然后开剃胎发。

葬礼茶俗

都匀水族，至今仍然保留着用茶叶作为丧仪的习俗。

水族丧葬，要用茶水给亡人擦洗全身。在他们的意念里，茶水能使死者身心洁净走上登仙的旅程。

在下葬的前夜，有1个"打廪""跳牌"的葬仪，在灵堂击鼓、绕棺跳唱，通宵达旦。此时，灵堂上立着1根1丈多高的竹竿，上面捆扎着家族特有的"烧纸"和"金裱纸"。捆扎的数量按死者的年寿每岁1扎"烧纸"、1挂"金裱纸"。竹竿的顶端吊着1个包着茶叶、朱砂、大米的布包，俗称为"大令"。

亡人下葬，"鬼师"先生用红毛公鸡"跳井"，然后向墓穴中撒茶叶、朱砂、谷米。棺材入墓后，且将"跳牌"扎扎的"大令"插至墓顶，并将神龛下的桃木弓箭插至墓前。它是死者灵魂的象征，也是死者家族的旗幡，当地人只要一看到坟上插着的"大令"，就知道是哪一族人的墓葬。

送葬完毕，主人家将烧1盆茶水，水中加1把白米、1把柏树枝，给送葬者净手，以示辟邪。

新下葬的坟，要谢地脉龙神3年，俗称"谢坟"。谢坟的时间是每年的"过社"前后3天内，由先生在坟前行法事，埋茶叶和朱砂于坟中，敬神兼具辟邪。此后，逢年过节，祭祀亡灵和祖先神灵时，祭品中茶叶也必不可少。旧时，清明前后3天采摘的茶叶专用于扫墓、祭祖和药用。

建房茶俗

立房造屋是生活中最为重要的大事，黔南少数民族修房盖屋也一样地离不开茶叶。建房下基脚要大祭祀1次，7碗米、7碗饭、茶叶7堆、草烟7堆、铁片7小块、盐巴1团、衣服1套、清水1碗、插纸幡旗14面、鲜花14朵作为祭品，祭祀东西南北中5个方位以及天地2处神灵，保佑家人添丁、发财，五谷丰登，平平安安。这样的祭祀仪程将贯穿整个造房过程。

都匀茶农造房建屋时，由外家（妻子的娘家）赠送房屋的横梁，并在梁中央凿上一个眼，装入茶叶等物，用红布包裹，称之为"梁（良）心茶"，意为做茶要讲良心，不得弄虚作假以次充好。这是制茶人家传承千年的规矩。

房屋盖好，亲朋好友来贺。女主人会端出茶水，春风满面地给每位客人敬上一小杯。宾客们端过茶杯，必须一饮而尽，女主人端着茶盘在一边等，客人喝完茶后就将茶杯用双手送回茶盘上。

苗族节日

第七章

毛尖是怎样
"炼"成的

俗话说：好山好水出好茶。然而，任何好茶都离不开好技艺和用心做茶的"人"。

数千年的茶业职业化生产、世代的传承以及不断的改革创新，是都匀毛尖在历史上雄踞贡茶之冠而今又长期位居十大名茶之列的主要因素。

作为国家级非物质文化遗产的基础，都匀拥有一批一生做茶、技艺精湛的制茶大师，他们是都匀毛尖长盛不衰最可靠的保证。

第一节　毛尖大师徐全福

2017年4月，正值当代"茶圣"吴觉农诞辰一百二十周年纪念日，全国各地茶人齐聚"茶圣"家乡浙江上虞，参加纪念吴觉农先生诞辰一百二十周年纪念大会。纪念大会对为中国茶叶事业作出突出贡献的茶人代表举行了第三届"觉农勋章"颁奖仪式。中国十大名茶都匀毛尖现代加工工艺及都匀毛尖品牌创始人徐全福从109名优秀候选茶人中脱颖而出，获得全国第三届"觉农勋章"奖。

1968年春，从鱼米之乡的江苏到贫穷落后的黔南支援贵州建设的徐全福，调到都匀茶场任车间主任。

"把青春献给山区""干一行、爱一行"，是那个时代人的境界。

"一旦决定了职业，就必须全身心投入工作，穷尽一生磨炼技能。"徐全福说。

"纸上得来终觉浅，绝知此事要躬行"。徐全福是黔南州第一个茶学专业毕业的茶人，可是在此之前，他对茶的知识更多是来自书本理论，要当好车间领导，要指导工人炒茶，他必须学会炒茶。

❦　徐全福（中）在评审珍品级都匀毛尖茶

当炒茶师的第一关是过"火关",不怕烫。徐全福虚心向老炒茶师们学习,很快掌握了避免手指直接接触锅底的技巧,但即使学会利用茶青遮挡,手掌依然难以抵挡高温的煎熬。为练就"火中取宝"的技艺,他坚持在生产第一线,不管有多忙,每天都要炒上2锅茶。他的每一根手指都被烫伤过,但随着时间的推移,他也逐渐过了高温关,成为一名真正合格的炒茶人。

在实践中,徐全福发现,都匀毛尖还沿袭着明清时代的落后工艺:菜油抹锅、杀青冷揉、火候随意,炒成一锅茶叶需2小时,严重制约了茶叶质量和效率的提高。

"以问题为导向"在现在是常见的思维模式,而在50年前,却是他的独创。

在当时,沿海先进地区的制茶工艺技术已经走在前面,生搬硬套地引进很简单却未必有效。徐全福认真研究传统工艺的每一个细节,不断摸索、实验。他决定从"分级""火功""革除"3个方面对毛尖茶的传统工艺进行改革。

按照传统工艺,毛尖茶茶青是不分级的,独芽和一芽二叶混炒。在炒制时,锅温和炒制时间就会出现两难选择:独芽茶达到要求,一芽二叶还达不到要求;而当一芽二叶达到要求,独芽茶已经过火或超时,影响观感和口感。徐全福制定了新的分级标准,将各级茶叶分开炒制,一芽就是一芽,一芽二叶就是一芽二叶,不能乱、不能杂。

炒茶用火是关键。火烧不好,任你再好的师傅都炒不出好茶,所以炒茶师傅中有"烧火的才是师傅"一说。炒茶时,什么时候需要大火,什么时候需要中火,什么时候需要小火,都必须很好地掌握和控制。在之前,杀青、揉捻,火力大小全凭个人经验,可大可小,随意性很强,炒制的茶叶质量时好时坏极不稳定。茶青分级为锅温的确定奠定了基础。经过一段时间摸索,徐全福确定了杀青、揉捻等各个环节最佳的锅温。

与此同时,徐全福革除了菜油抹锅和冷揉2道耗时费材影响茶叶品质的工艺。经过100多次的失败,徐全福终于完成了都匀毛尖炒制工艺的改造,使都匀毛尖成为毛尖茶中的王者。

第二节 非遗传承

都匀毛尖的制作技艺是国家级非物质文化遗产，都匀毛尖的发展离不开世代相接的传承人，而每一位传承人，也都是毛尖茶制作的佼佼者。

都匀毛尖茶制作技艺非遗传承人共23人，其中国家级非遗传承人1人，州级传承人4人，市级传承人18人。

国家级非遗传承人张子全

都匀毛尖国家级非遗传承人张子全出身茶叶世家。尽管没有家谱，张子全家炒茶的历史也可以追溯到曾祖父张国邦那一代人。张子全介绍，在当时，张国邦已经是都匀府远近闻名的炒茶能手。

❦ 张子全在村寨后山采摘野生茶

张子全爷爷名叫张朝林，张子全自幼跟随爷爷和父亲学习制茶，在父亲指导下专管炒茶火候，10多岁就可以独立完成整个制茶过程，成为本地的制茶能手。张子全炒出的茶叶在形、色、香、味上都要胜人一筹，成为都匀毛尖传统制作艺人中的翘楚，长期免费培养青年制茶艺人。2013年被评为贵州省非物质文化遗产代表性传承人。2018年被评为国家级非物质文化遗产代表性传承人。

数代的传承，从幼年开始的几十年历练，使张子全练就一身精湛的技艺，积累了丰富的经验。

在炒制茶叶的过程中，张子全特别强调心无旁骛专心致志，全力调动眼耳鼻和手上的感觉，以把握茶叶的变化，掌控锅温，确定手法和工序。

凭借经验，他知道，在距离锅底50cm的高度，当温度刺烫手背时，锅温达到200℃左右，适合炒制清香型茶叶；当温度刺烫手心时，锅温达到250℃左右，适合炒制栗香型茶叶；而当温度刺烫脸部时，锅温已达到300℃左右，适合炒制高火香茶叶。

他凭借茶青在手中细微的变化，或干湿、或硬软、或蜷缩，就知道杀青、揉捻、整形是否到位，应该到哪一个工序，全程操作下来，总把炒制时长控制在40分钟左右。

凭借感觉，他知道什么时候该轻、什么时候该重，什么时候要快、什么时候要慢，应该怎样控制动作的节奏。

他一双手能使出推、拉、抓、捧、薅、抛、抖、挡、撒、翻、抄、抹、揉、搓等各种手法。是推是拉，是薅是翻，是抖是抛，每一种动作，都与对手中茶叶的感觉有关，甚至是高抛还是低抖，都由茶叶的干湿、硬软来决定。尤其在杀青时，他动作舒展，速度、节奏、轻重拿捏到位。在人们的眼中，张子全的炒茶已经不仅仅是技术，更具有艺术的韵味，犹如精妙无比的"锅中太极"。

鉴于张子全对火候和炒制茶叶品质把握精准，炒制手法娴熟精妙，2012年12月张子全被贵州省文化厅认定为"贵州省非物质文化遗产项目都匀毛尖茶制作技艺省级代表性传承人"，2018年被文旅部授予"国家级非物质文化遗产代表性传承人"的称号。

毛尖非遗传承人张光辉

张光辉是都匀市毛尖镇坪阳村河头组人，为都匀市螺丝壳河头茶叶农民专业合作社法定代表人。

河头组地处都匀市螺丝壳。张光辉家自古种植茶叶，与张子全相似，他从7岁就跟随父母上山种茶、采茶、炒茶。由于从小深受父母熏陶，张光浑从1985年开始学习种茶、制茶，在家从事茶叶种植和加工。

张光辉21岁时就已熟练掌握都匀毛尖传统的制作工艺，并在2007年在贵州省供销学校系统学习茶叶加工。2008年5月13日，成立都匀市螺丝壳河头茶叶农民专业合作社，2010年注册自己的品牌"明黔"都匀毛尖，"明黔"取清明前茶的谐音，代表了茶叶最好的品质——清明前采摘，更有弘扬黔南茶叶品牌之意。

2012年在都匀市区开起门面，专门销售自家种植、加工的"明黔"都匀毛尖。由于茶业品质优良，受到广大消费者的欢迎，不少外地客人争相认购，茶叶销往上海、广州、北京等地。自2008年以来，由张光辉培养的学徒共有250余人，现能独立加工并从事传统手工制茶行业的有130余人。

毛尖非遗传承人王业才

王业才是小围寨办事处团山村下寨人，与所有的传承人一样，他也是自幼就跟随爷爷、奶奶及父母上山种茶、采茶并拿回家中炒制加工。十七八岁时就已熟练掌握都匀毛尖的制作技艺。

2011年起，王业才在都匀市区开门面，专门销售自家种植、加工的都匀毛尖。由于手艺精湛，茶叶品质优良，受到广大消费者的欢迎，不少外地客人争相认购，茶叶销往广州、深圳、福建、上海、北京等地。近年来王业才在多次的茶叶技艺大比拼中获大奖。

毛尖非遗传承人张启龙

张启龙是都匀市毛尖镇坪阳村六组人，为都匀市螺丝壳毛竹冲茶叶农民专业合作社法定代表人。张启龙家地处都匀螺丝壳，常年云雾缭绕，是都匀毛尖的核心产区，从小深受祖业熏陶。2010年，他注册"匀绿"牌都匀毛尖，销售自家种植、加工的"匀绿"牌都匀毛尖。由于技艺精湛，茶叶品质优良，受到广大客商的欢迎，同时还受到外地客人的青睐，茶叶远销上海、北京、山东等地。近年来张启龙在数次茶叶技艺大比拼中获大奖。

毛尖非遗传承人王开燕

王开燕是都匀市绿茵湖办事处斗篷山村人，为斗篷山开燕茶叶合作社法定代表人。2013年被都匀市妇联授予"巾帼创业示范基地茶叶深加工能人"称号。2013年王开燕参加都匀市第五届"金手指"炒茶技能大赛获合格证书。

王开燕一家4代加工都匀毛尖，距今已有100多年的历史。王开燕祖辈主要以加工、销售茶叶为主，20世纪50年代就与贵定、贵阳等茶商作调粮换盐交易。除上交国家定购外，出售的茶叶供不应求。

这些传承人们，以他们各自的家传技艺，为传承与弘扬都匀毛尖的制作技艺，为黔南茶业的兴盛与发展，作出了自己的贡献。

第三节　都匀毛尖的标准化流程

采摘

根据采摘时间，都匀毛尖分为春茶和夏秋茶。

春茶：采摘在清明至谷雨期间。以明前茶为最好，当地有"明前是个宝，明后是堆草"的民谚。

旧时，明前茶多作祭祀用茶。

夏秋茶：夏茶一般在7、8月间采摘，秋茶在10月前后采摘。旧时一般不采夏秋茶，近10年来，受沿海一带影响，逐渐兴起，多采摘夏秋茶制作红茶。

都匀毛尖采茶讲究不得用指甲掐断，必须用拇指和食指指肚捏住茶叶芽叶根部撇断。

摊晾与存放

茶青采摘后在室内放置在簸箕里摊晾，要求避免太阳暴晒和风吹。摊晾时长一般在1～2小时。

茶青不宜久存，基本没有专门存放茶青的设施。近年来，因茶叶产量较大，采摘人员较多，来不及加工制作，个别工坊修建摊晾茶青的水泥沟槽，用湿润的纱布盖上保水，放到第二天炒制。

炒制准备

总炒制时长38～40分钟。

旧时家庭炒茶没有专用锅具，饭甑蒸饭、煮猪食和炒茶都用同一口大锅。大锅直径约1.2米。茶叶企业则使用专用锅。专用锅具有大小之分，大锅与农村家庭用锅一样，小锅直径在0.6米左右。

在炒茶前，先用柴火加温，烧开水洗锅，一般清洗2遍，擦干。

炒茶前须将备好的干柴砍成50～80厘米的木段并准备干燥的杉树枝作引火和提锅温用。

炒茶除炒茶师外，要有专人烧火，按照炒茶师的指令和经验确保火力大小增减。

用簸箕筛选摊晾好的茶青，将碎叶、杂草筛出，将筛选好的茶青用筲箕装盛备用。

杀青

都匀毛尖杀青是利用高温炒热茶青，使茶青水分蒸发，叶质柔软，增强韧性，为揉捻成条作准备。

杀青要求杀得透，杀得匀，杀得适度。

具体观测方法：眼看叶色由鲜绿变为暗绿，失去光泽，不生青、不共熟、不焦边，无红茎红叶。

鼻嗅青草气基本消失，略有清香，无水闷气、无熟闷气、无烟焦气。

手捏叶质柔软，略带黏性，嫩茎折之不断，紧握成团，松手后能慢慢弹开。

杀青温度：杀青开始时锅温要高，杀青后期锅温要低。

投叶前的锅温，要达到白天看锅底发青，夜晚看锅底微红，此时手背离锅7寸（24厘米）左右，有被热叮手感觉（锅底实际温度300～400℃）。高档叶宜

🌱　手工炒茶杀青（李庆红　摄）

高、低档叶宜低，投叶量多宜高、投叶量少宜低（0.5 ~ 0.6千克／锅为宜），露水叶、雨水叶再提高10 ~ 20℃。鲜叶下锅后如听到噼噼啪啪的轻微爆声为锅温适度；听到爆声很强烈，表示锅温偏高，应适当降低；听到爆声很小或没有爆声，表示锅温偏低应及时提高。杀青后期锅温掌握在150 ~ 200℃，时间3分钟左右。

杀青主要手法：抖杀、闷杀。

抖杀即把茶青抓起高抛抖散，以使水汽容易蒸发，缩短杀青时间；闷杀即让茶青在锅中闷。

抖杀和闷杀2手法要经常变换使用，迅速翻动，以多抖少闷为好。动作要轻、快、匀，翻抖时必须保持手抓茶叶方向一致。

杀青时长：嫩叶老杀，老叶嫩杀。

这是指杀青减重率和杀青叶含水量多少而言，即嫩叶杀青减重率要多一些，杀青叶含水量要少一些。

揉捻

揉捻是杀青后用手掌将茶青揉搓成条的工艺过程。

揉捻要求条索卷紧、匀整、不扁、不松、碎茶少（碎茶率3%，500克为15克左右）；叶色绿润，不泛黄；香气清高，不郁闷。

揉捻的主要手法有揉、搓、抖等。

杀青后，将锅温降至65℃左右（手感茶叶烫手，无茶叶轻爆声），在锅中揉捻。

用单手或双手沿锅边翻起茶叶置在双手中揉2周即抛，并解块抖散1次。手感茶叶已完全柔软，温度达到标准时揉转3 ~ 4周，解块抖散1次；揉捻手势方向始终保持一致，不能倒转，用力

Y 茶农在黔南州都匀市毛尖镇坪阳村炒制茶叶

时要轻—重—轻，防止芽叶断碎，或茶汁揉出过多，产生粘锅结焦、结团，避免郁闷。这段时间采取多抖少揉方法，如温度降得过低时只抖不揉，以免茶叶产生红茎红叶。揉至基本成条卷曲，不粘手，容易散开为适度，时间15～20分钟。

整形

整形温度需要70℃左右，将茶叶逐团握于手掌中，沿揉捻时同一方向稍加用力由轻到重、由重再到轻搓揉4～5周，促使茶叶紧细卷曲，既要保持芽叶完整，又保持形状。这阶段多揉少抖，避免茶叶失水减重太快无法做成特有形状，茶叶干度为85%左右，外看茶叶已成形，白毫开始显露，时间为10～15分钟。

提毫

锅温75℃左右，双手轻握茶叶逐团轻揉（即茶叶搓茶叶）4～6周轻抖1次，如此反复，5～6手即可，少提，毫不到位；多提，茶叶破碎大。手法讲究"轻"，才能保证茶叶提出毫而不损坏茶叶、不使茶叶断碎，时间3～5分钟。

提香

锅温在提毫基础上提高5～10℃，双手在锅内要轻、快翻动，使每个芽头都能接触锅面，防止茶叶起泡、焦边，时间2～3分钟。

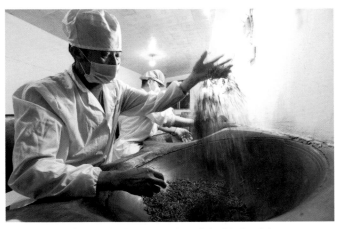

团山村茶农深夜炒制明前茶（肖伟 摄）

烘干及其他

烘干：锅温 45 ~ 50℃，均匀薄摊于锅边，翻动数次后，手感茶叶扎手，用拇指、食指搓压成沫时即可出锅，时间 3 ~ 5 分钟，茶叶含水分 5% ~ 6%。

收锅：把茶叶轻轻拢成团后提起上面的成品茶，碎茶、茶沫分别收取、存放。

收青：收锅后用白皮纸包好的成品茶（数量 1 锅 1 包）放入装有干石灰或干木炭的缸中，1 个星期收去青味再装袋存放或进冷库。

成品包装存放

贮藏条件主要是抑制茶叶吸湿性、吸附性、陈化性，所作的一系列工作为的是防止茶叶吸潮霉变陈化或者吸附其他异味。

由于茶叶中含有萜稀物质，会吸收异味，所以在贮藏保管时要远离有杂味、异味的物质，如烟草、化妆品、有鱼腥味等物质，新的木箱、纸箱都不宜盛装。贮运时必须密封好，如果用塑料物封口装袋，必须是聚乙烯的，决不能用聚氯乙烯的。

❦ 尊品级都匀毛尖

茶叶在长期贮藏中，即使不霉变，品质也会降低，如失去香气，茶汤混浊，缺乏鲜艳明亮的绿色，并变得平淡无味。这种情况称为茶叶的"陈化"，其主要原因是部分香气散失。水是化学变化的介质，在茶叶含水量高的情况下，多酚类等氧化加快，品质会下降。

低温茶叶化学变化缓慢，有利于品质保持，据试验：在常温条件下贮藏，都匀毛尖会出现红汤、滋味变淡、香气变质；在10～15℃条件下，绿色减退汤色淡，还微带新茶香；在0～5℃情况下，能保持茶叶原来的色泽和汤色，并仍有新茶的香味。茶叶"陈化"的临界点，−15℃茶叶陈化被抑制，−20℃茶叶陈化被完全抑制，因此低温冷藏是防止茶叶"陈化"的措施之一，但贮藏10个月以上效果就不明显了。

【延伸阅读】
非遗数字化采集"都匀毛尖制作技艺"节录

2018年，黔南州对都匀毛尖开展数字化采集，将从采摘到炒制的全过程用文字、图片和视频完整地记录下来。

1 因材施艺

为便于因材施艺，鲜叶验收后，根据质量情况，做到"六分开"：①老嫩分开；②晴天叶与雨水叶或露水叶分开；③正常叶与变质叶分开；④壮蓬叶与老蓬叶分开；⑤不同品种叶分开；⑥当天叶与隔夜叶分开。

1.1 茶青分级

将茶青分为一芽一叶初展、一芽一叶半展和一芽一叶开展3个等级，不同的材料分开炒制，以确保叶底均匀，香气纯正。

1.2 火力及时间、温度掌控

火力的掌握

茶青入锅前以手掌和手背的感觉测量锅温。

感官观测锅温

茶青入锅后以眼观、耳听、鼻嗅、手感等感觉锅温和茶青的变化，据此控制火力大小。

观察颜色：眼看叶色由鲜绿变为暗绿，失去光泽，不生青，不共熟，不焦边，无红茎红叶。

观察气味：鼻嗅青草气基本消失，略有清香，无水闷气，无熟闷气，无烟焦气。

观察手感：手捏叶质柔软，略带黏性，嫩茎折之不断，紧握成团，松手后能慢慢弹开。

听声：鲜叶下锅后如听到噼噼啪啪的轻微爆声为锅温适度；听到爆声很强烈，表示锅温偏高，应适当降低；听到爆声很小或没有爆声，表示锅温偏低应及时提高。

国家级非遗传承人的测温在某些方面有独到之处：以手背测温，感觉锅内温度"叮手背"时，温度在200℃，适合炒清香型茶叶；以手掌测温感觉锅温"叮手掌"时，温度在250℃，适合炒板栗香型茶叶；如果要炒高火香型茶叶，则用脸颊试温，在距离锅面50～60厘米的高度，感觉热力"叮脸颊"，则锅温达到300℃。

1.3 炒制手法

都匀毛尖炒制手法多样，根据材料合理采用抖、焖、抛、翻、抹等多种手法。

1.4 根据茶青制作茶叶

清明前后春茶品质优、口感好，适合制作高档绿茶，多采摘独芽茶制作手工绿茶。

夏茶一般在7、8月间采摘，适逢雨季，茶叶水分较多，口感略次于春茶，且茶青不易保存，根据其特点，多采摘一芽一叶或一芽二叶，以制作红茶。

秋茶在10月前后采摘，天气干燥，根据秋茶的特性，又以秋茶制作中档绿茶。

1.5 不同茶青锅温不同、手法不同

高档叶锅温宜高，低档叶锅温宜低。

投叶量多锅温宜高，投叶量少锅温宜低（0.5 ~ 0.6千克/锅为宜）

露水叶、雨水叶锅温要比普通叶提高10 ~ 20℃，同时要多抖少揉；反之，茶青比较干燥，尤其是立秋前后的茶青，则要多揉少抖。

1.6 根据不同香型调整锅温

根据香型不同，杀青的锅温也有不同。

清香型，锅温达到200℃以上（均为手感温度）即可，板栗香型则要求达到250℃左右，高火香型要求达到300℃以上。

1.7 地产物料

茶篓、茶笭、簸箕、筲箕、铁锅、坛子、缸、柴刀、白皮纸、木炭等，工艺流程中所有工具和材料均为地产，体现了都匀毛尖因地制宜的制作特色。

2 手工绝活

2.1 凭眼耳鼻手感觉测量、确定锅温和炒茶手法、时长

凭眼耳鼻手精确地掌握锅温并据此调整炒制时间。

2.2 娴熟的炒制手法

熟练运用推、拉、抓、捧、薅、抛、抖、挡、撒、翻、抄、抹、揉、搓等各种手法，速度、节奏、轻重掌握精准，具有观赏性。

2.3 提毫提香绝技

在提毫时，传承人"加上一把火"，用2 ~ 3分钟，让锅温迅速提高5 ~ 10℃，在锅内轻、快翻动茶青，促使茶叶增香。

第八章

文化名人
与都匀毛尖

　　都匀毛尖是一首绵延悠长而韵味深厚的历史歌谣，它唱出了黔南鲜为人知的荣耀与辉煌，也濡染了黔南充满睿智、灵秀之气的人文品格。数千年的历史浸淫、文化点染，使得都匀毛尖已经进入历史文化的深层。四季轮回，云聚云散，流瀑飞舞，山溪蜿蜒，与喀斯特灵气共生共荣的都匀毛尖，在跨越时空的光芒下，洋溢着千年文化的陈香。

　　明代张翀的茶联是文化名人关于都匀毛尖的第一篇作品。而在历史名人中，留下涉茶诗文最多的是莫友芝，在诗词中，他对家乡茶叶的了解与热爱，跃然纸上。此外，还有如徐悲鸿、傅抱石等大师，因茶或因与茶有关的纸，而与都匀毛尖发生了千丝万缕的联系。

第一节　张翀的茶联

　　张翀系明代"柳州八贤"之一、王阳明弟子徐阶的学生。在任刑部主事时，张翀与董传策等人同日弹劾严嵩。

　　他们几个人都是徐阶的门生，严嵩疑心徐阶是幕后主使，密奏3人同日上疏，一定有幕后主使人。皇帝信以为真，张翀等人被捕入狱，之后将张翀谪戍都匀。

　　张翀的书画在当时已经很有名气，他以画人物见长，上追古法，笔墨豪迈。他笔下的仕女，艳丽委婉，但设色古雅，神态超逸。他也能画山水，所画山水树石，苍郁深秀。

　　张翀在被贬都匀后，专心从事教育，在南皋书院授徒教学，和王阳明、邹元标合称为"南下三迁客"，为都匀文化的发展立下了卓越的功勋。

　　都匀历来被称为"荒蛮之地"、文化荒岛，自隋炀帝大业三年（607年）设"进士科"以来，近千年间，这里还没有一个人能够踏入主流社会公认的文化圈。依托古驿道可以生存，却与繁荣、富裕无关，文化锦绣是小城在不可能摆脱穷困之后留给自己最后的一份希望。

　　小城急切、炽热的文化热情在张翀的身上表现得尤为真切。1558年，得罪权臣严嵩的刑部主事张翀担着结党营私的罪名，在被杖辱之后发配都匀。这样，第一个进士史无前例地来到了都匀，小城因此发生了一场文化地震。都匀人根本不管此人是不是朝廷的钦犯，也不顾他身上还有一个令人不安的罪名，他们把他看作是一缕曙光，像欢迎贵宾一样迎接他，为张翀建起了一座书院，并且以他的字号命名为"鹤楼书院"。正直而受尽凌辱的张翀在都匀安安稳稳住了下来，代价是讲学授徒。张翀的感动不言而喻，纠结的心情也因而释然。

在都匀东山，刻有"仁智之情，动静之理，栖此盘谷，饮此泉水。大明嘉靖四十年鹤楼张翀书"二十八个被称为"龙爪书"的草书大字，笔力雄浑刚劲，被载入《中国名胜辞典》，称为红叶摩崖石刻。

扇面书法　黄仁龙

在贬谪都匀8年后的一个春天，张翀游览山水回到寓所，秀丽的风光依然历历在目，他提笔写下一副茶联："云镇山头，远看青云密布；茶香蝶舞，似如翠竹苍松。"

数年后，一个名叫陈尚象的年轻人踏上古驿道，成为都匀的第一个进士，完成了小城的千年夙愿。

第二节　"西南巨儒"莫友芝咏茶诗

莫友芝，独山兔场人，清嘉庆十六年（1811年）生。13岁时随父到遵义，结识了比他大5岁的郑珍，贵州著名的"沙滩文化"主要领袖人物"会师"遵义。

年轻的莫友芝饱览群书，打下了学问的基础。1831年，莫友芝在省城贵阳参加辛卯科乡试，考取第十一名举人，其试卷深受荐卷房师胡芸阁同考官吴雪兰的赏识，不料却从此累试不第。

莫友芝安心遵义，与郑珍切磋学问，莫友芝在文字学、书法及诗词等方面颇有成就，远近闻名，"道光中，黔中言学者，人以郑、莫两名并称"，又并称为"西南两大儒"。

道光十八年（1838年）郑珍、莫友芝再次进京参加戊戌春试又双双落榜。回到遵义后，适逢贵州巡抚倡议各府州修志。遵义知府平翰久慕郑、莫之名，特聘请2人共同主编《遵义府志》。4年后编成。莫友芝博采汉唐以来图书地志，荒经野史，援证精确，体例谨核，成书48卷，被梁启超誉为"天下府志第一"。

❦ 莫友芝　　　　　　　　❦ 莫友芝诗文集

1847年春，莫友芝第三次上京春试，在琉璃厂书肆跟翰林院侍讲学士曾国藩相遇，偶然谈起汉学门径，曾国藩大惊，叹道："黔中固有此宿学耶？"遂订交结为友好，长驻于曾国藩幕府。

在此期间，莫友芝的书名在江浙大盛，人称其字有"金石气"，曾达到一字难求的程度，深受世人喜爱。至今，莫友芝的书法仍被列为我国禁止外流的书画作品，属于国宝级作品。

莫友芝生平嗜茶，其留下的茶诗，更是表达了他对家乡的热爱。

他的《题茶户壁》诗描写了家乡茶农采摘青翠如玉、鲜嫩无比的茶芽，又争分夺秒将其炒成清香优雅的茶叶这一采茶制茶、辛勤劳作的过程。诗云：

摘卷玉丝丝，含锋颖似锥。辛勤火前作，休放子规啼。

《浣溪沙》则描写了他对家乡茶叶的珍惜：

易井朝华一勺甘，瓯香浓淡只渠谙。怕教痴婢误姜盐。雀舌久疏纤手点，鸡苏愁伴渴羌馋。最难春困午晴添。

《金鼎山云雾茶歌》是莫友芝咏茶诗歌中最重要的一首，也是贵州茶文化史上重要的文献。诗中历数了贵州先后所出的名茶：供不应求的贵定阳宝山贡茶，后起之秀、世罕其匹的清平县香炉山茶，为世俗所争尚的湄潭县毛尖茶等。

莫友芝自言写作《金鼎山云雾茶歌》这首诗，还有一个重要的目的，就是"作诗为证陆羽《经》"，即列举贵州所产名茶以证陆羽《茶经》所记不虚。同时，莫友芝在该诗的自注中也辑录了明代川黔茶政的相关记录。

《金鼎山云雾茶歌》开篇即描述贵定阳宝山贡茶："牂牁茶品阳宝绝，贡篚不盈常外掇。"

咸丰十年二月初五（1860年2月26日），莫友芝携次子绳孙滞留京畿赵州、保定一带候补地方小吏和准备参加当年的恩科会试。有家乡人带来白茶，痛饮之后作《二月五日绳儿煮雪，试家山白茶，有怀息凡天津》：

北客过岁周，南嗜断茶味。

……

冰芽珍一撮，璪盏候三沸。

生香沁神骨，活碧浮叆叇。

舌本彊忽除，心源浚成沸。

喝到家乡的茶，忆起遥远家乡的温情，诗人仿佛有了生命的活力、生活的意趣以及流荡灵动的文思才情。

此外，莫友芝在编撰《遵义府志》时收录了一首流传在独山、都匀、福泉一带的花灯《采茶调》中的《十二月采茶歌》，歌云："二月采茶茶花开，借问情侬几时来；三月采茶茶叶清，茶树脚下等莺莺……"歌词清婉雅丽，别具一格。其后《都匀县志·风俗篇》转录了这首民间歌谣。

第三节　巨作"江山如此多娇"　与都匀"纸烤茶"

北京人民大会堂，是党和国家领导人举行政治活动的重要场所，各个大厅内悬挂着精彩纷呈的书法绘画作品。其中，最引人瞩目的首推巨幅山水画卷《江山如此多娇》，这幅由毛泽东亲笔题写名字的巨作，作者之一是国画大师傅抱石。

说起傅抱石的画，其中还与都匀毛尖有些因缘。

抗战期间，徐悲鸿、傅抱石等一批艺术大师从桂林乘邮车来到都匀宣传抗日救国。一日，徐悲鸿的学生、时任都匀县长的刘时范和省立都匀中学校长周华请徐悲鸿一行到家做客。

"开门七事虽排后，待客一杯常在先"。客人进门，主人先奉上的自然是一杯茶。大家坐定，周华从贮藏茶叶的土坛里取出用都匀白皮纸包好的都匀毛尖，用本地"纸烤茶"茶俗，沏茶奉上。独具特色、芳香扑鼻的"纸烤茶"立即吸引了大师们的目光。

徐悲鸿一面品茶，一面将包茶的都匀白皮纸拿在手上端详。他发现都匀白皮纸的质量色泽很好，适于重笔挥洒晕染，受墨苍润深沉，能获得宣纸绘画所不能得到的卓异效果，用来作画，更是得心应手。

徐悲鸿非常高兴，托周华按这包茶纸帮他购买一二十刀，带去重庆分送给书画友人。徐悲鸿的夫人廖静文后来说："此后，先生若画100匹马，有99匹马是从都匀皮纸上奔出的。"

除了徐悲鸿，同样对包茶纸感兴趣的还有傅抱石。他拿回去一试，发现这种手工白皮纸晕墨很慢，但是浓淡分明，适合表现粗犷的笔触。他利用都匀白皮纸的特性，融汇、活用了各种传统皴法，独创出了"抱石皴"。

1943年，傅抱石赴成都举办个人画展，携一批用白皮纸绘制的新作于当年9月在成都少城公园内展出。画展大获成功，其新奇的"抱石皴"当时就在美术界引起轰动。傅抱石用都匀毛尖的包茶纸画的《蕉荫煮茶图》拍到将近1亿元人民币。1958年傅抱石用"抱石皴"的技法，为人民大会堂中堂创作巨幅山水画，毛泽东主席亲手挥笔为此画题写了"江山如此多娇"6个大字。从此，贵州有2样东西伴随抱石先生一生：一是茅台酒，二是都匀毛尖的包茶纸。

🌿　抗战时期，傅抱石在都匀用都匀包茶纸（都匀白皮纸）创作的《蕉荫煮茶图》

得知都匀白皮纸的品质，1963年，北京荣宝斋专门到都匀蜡纸厂购得3.3尺×2.2尺规格的白皮纸百多捆（每捆1 000张），荣宝斋将其命名为"都匀国画纸"。

回首60年前，谁也没有想到，一杯都匀毛尖"纸烤茶"、一张都匀毛尖的包茶纸，竟成就了2位大师各自的精彩。

第四节　赵朴初的"佛茶"

赵朴初是杰出的爱国宗教领袖，著名的佛学大师，在国内外宗教界有着广泛的影响，深受广大佛教徒和信教群众的尊敬和爱戴。他佛学造诣极深，《佛教常识答问》等著述深受佛教界推崇，多次再版，流传广泛。1980年后，赵朴初任中国佛教协会会长，中国佛学院院长，中国藏语系高级佛学院顾问，中国宗教和平委员会主席，中国书法家协会副主席，中国民主促进会中央常委，中央参议委员会主任、副主席、名誉主席，全国政协副主席。

茶自古与佛道宗教结缘。在国内，自称"佛茶"的不少，几乎所有寺庙种植的茶叶都打着"佛茶"的招牌，但真正为赵朴初这样的大师认可的，却唯有贵定阳宝山一家。

在历史上，阳宝山同四川峨眉山、云南鸡足山一道，被誉为西南三大佛教圣地，且互有交往，明《黔记》《贵州名胜志》、清乾隆《黔南识略》和《贵州通志》等典籍均有记载。《中国古今地名大辞典》称："阳宝山在贵定县北十里。高千余尺，树木森密，殿阁崔巍，群峰环向此山，称黔东之胜。"

阳宝山气势恢宏，规模庞大，山形若飞凤采莲，山势如万山来朝，呈"云联一片寺前寺，露拥千层山外山"之景象，为一方胜概。阳宝山石塔林更是国内规模最大的和尚坟石刻塔林，可与中原少林寺砖塔林媲美，人称"北有少林砖塔，南有阳宝石塔"。碑刻记载石塔林葬期最早为明崇祯十四年（1641年），晚至民国二十一年（1932年）。清康熙、雍正时期朝廷册封任命的僧纲司即掌管贵州全省佛教徒事务的大法官等众多高僧均葬于此。名山上所产名茶均系开山白云祖师、宝华上人、然薄大师、法顺大师、若显大师等历代高僧所亲手培植创制。

1997年，中国佛教协会会长赵朴初老先生在品尝阳宝山春茶后，当得知阳宝山目前仍保存着全国罕见的规模最大的和尚坟石刻塔林及一些重要佛教文化遗产时，感慨万千，欣然挥毫，题下"佛茶"二字。

第五节　茶界大师题咏都匀毛尖

庄晚芳题诗

庄晚芳是我国茶树栽培学科的奠基人之一，他编著的《茶作学》，是我国

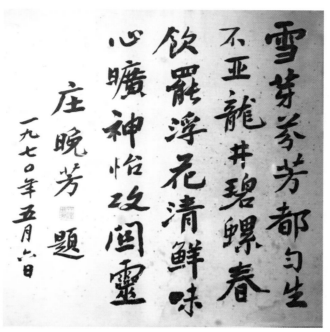

雪芽芳香都匀生
不亚龙井碧螺春
饮罢浮花清鲜味
心旷神怡改回灵

庄晚芳 题

一九七〇年五月

庄晚芳先生为都匀毛尖题诗

现代茶树栽培学的一本重要专著，对我国茶树栽培的实践及理论，都有较大的影响。

庄晚芳原名庄友礼，1930年考入中央大学农学院，1939年，担任福建省茶叶管理局副局长。

中华人民共和国成立后，庄晚芳曾先后在复旦大学农学院、安徽农学院、华中农学院和浙江农业大学从事茶学教育，1965年，首次培养茶学研究生，成为我国茶学研究生教育的开端。受农业部委托，庄晚芳曾3次主编全国高等农业院校统编教材《茶树栽培学》。

庄晚芳学术论著数量多，内容广，针对性强，有独特见解，在国内外都有较大影响。他编著的《茶作学》，早在1959年就被译为俄文在苏联出版。他撰写的《中国的茶叶》及主编的《中国名茶》和《饮茶漫谈》均被译为日文在国外发行。

庄晚芳不仅重视教学和科学研究，而且还重视科学普及工作，主编了《合理采茶》等4本科普小册子。

20世纪60年代末，都匀毛尖改革了旧有工艺，都匀毛尖从色、香、味、形、效几个方面又上了一个台阶。新工艺制作的都匀毛尖加工出来后，徐全福当即给庄晚芳教授寄去一包样品，请他品评。不久，庄教授回信，并在信中题诗一首赞道：

> 雪芽芬芳都匀生，不亚龙井碧螺春。
>
> 饮罢浮花清鲜味，心旷神怡攻关灵。

张大为题诗

张大为，曾任商业部和中华全国供销合作总社茶畜局处长、高级经济师，是中国茶叶文化宣传的"先驱者"。他退休后热衷于中国茶文化宣传和研究，1989年创建了国内首家茶道馆——北京茶道馆，首创了茉莉花茶茶艺表演，编著了《中国茶馆》《茶艺师培训教材》等书籍。先后任中国茶叶学会理事、北京市茶叶协会常务理事、中国茶叶流通协会常务理事、中华茶人联谊会常务理事、中国国际茶文化研究会常务理事等职务。

在品评都匀毛尖后，他题诗道：

> 不是碧螺，胜似碧螺。
>
> 香高味醇，别具一格。

陈椽题词

陈椽，世界著名的茶学专家，被誉为中国"一代茶宗"。

陈椽教授从事茶学教育工作60年，是我国制茶学学科奠基人。早在浙江英士大学和复旦大学任教期间，就为创立茶业教育体系而努力。新中国成立后，从20世纪50年代起他就注重茶业学科的建设和发展，对茶学学科的专业设置、教学计划的制定和改进做了大量的工作，并有自己独特的见解。他亲自参与教学大纲的制定、课程的设置和生产实习基地的建设，为茶学教学科研正规化做了大量艰苦细致的工作。1978年他建议并参与在安徽农学院茶业系创办全国第一个机械制茶专业，为国家培养了一批又一批农业高科技人才。

陈椽教授终身勤于笔耕，著作等身。早在20世纪40年代浙江英士大学任教时，就编著了我国第一部高等茶学教材。抗战胜利后，受聘到复旦大学任教，先后编著了《茶叶制造学》《制茶管理》《茶叶检验》《茶树栽培》等4部教材。1949年后，他4次主编高等农业院校教材《制茶学》以及《茶叶检验学》，出版了《茶树栽培技术》《安徽茶经》和《炒青绿茶》等专著，1977年后他在病榻上撰写了国内外第一部茶史专著《茶业通史》和《中国茶叶贸易史》《茶业医药》等3部共100多万字的巨著，之后他又编著《制茶技术理论》、主编《中国名茶研究选集》《茶叶商品学》《茶业经营管理学》《茶药学》《茶叶市场学》《茶叶贸易学》《茶业经济学》等近40部著作，内容涉及制茶学、茶树栽培学、茶叶检验学、茶史学、茶叶经济学，为创立上述5个茶学分支学科奠定了坚实的基础，为建立完整的中国茶业教育体系、制定教学大纲和各专业的主要教材作出了巨大的贡献。

陈椽题词赞美贵定云雾茶道：

> 贵哉定钧，清茗贡修。云海雾都，质量兼优。

第六节 音 影 毛 尖

词曲作家吕远创作《云雾山上》

吕远，生于1929年，祖籍山东海阳。幼时在故乡山东度过，救亡歌曲、胶东民歌和地方戏曲给他留下了很深的印象，自学过吉他、小提琴等乐器。新中国成立后曾在东北师范大学音乐系学习，毕业后，先后在中国建筑文工团和海军政治部文工团任作曲。在半个多世纪的音乐生涯中创作了1 000多首歌曲，大约100部歌剧、舞剧和影视片音乐。他是一位著名的作曲家兼词人。他的作品词曲结合得尤为贴切，这得益于他自己既写词又谱曲。

吕远的歌曲成就了许多歌唱家。一代歌唱大师吕文科，歌唱家于淑珍、柳石明、卞小贞等都是因他的歌曲而成名的。其代表作有《克拉玛依之歌》《走上高高的兴安岭》《毛主席来到军舰上》《八月十五月儿明》《支援矿山运木材》《西沙，我可爱的家乡》《牡丹之歌》《有一个美丽的传说》《我们的生活充满阳光》（与唐诃合作）等。

2004年，吕远到贵定考察时，又欣然写下《贵定好》和《云雾山上》两首歌曲，由李琼等名家演唱，在社会上广为传唱。

《云雾山上》歌词：

云雾山上哟雾茫茫啊，云雾茶香飘四方哟。

四方的那贵客都来喝哟，贵客那个一到茶更香。

喝下一口头脑爽，喝下两口你心欢畅，你喝下三口云雾茶，你面前永远亮堂堂！

著名音乐家谭盾创作《茶》

黔南茶叶的丰厚历史文化底蕴，多年来引起了艺术家的重视。著名音乐家谭盾多次来到黔南考察、采风，触发了创作以茶为背景的音乐剧的灵感，其精心打造的大型历史音乐剧《茶》面世后，10年内在东京、上海、阿姆斯特丹、里昂以及德国、瑞典等地演出，好评如潮。

《茶》剧讲述了中国唐朝时，日本王子圣响在中国学习茶道时爱上了中国公主兰，欲娶兰为妻。皇帝要求圣响背诵一首茶诗，由于圣响的出色表现，皇帝答应了这门亲事，却激起了兰的兄长皇太子的不满。

在一次茶节上，波斯王子欲以千匹骏马换取中国古老的茶道圣书《茶经》。皇太子不情愿地拿出《茶经》来交换，圣响却指出《茶经》的真正作者陆羽曾亲自给他看过《茶经》的真本，此本并非真迹。皇太子勃然大怒，2人便以性命为赌注来证明事实真相。

于是，圣响与兰踏上了寻找真本《茶经》之路。在一次茶节上，他们遇到了陆羽的女儿陆，陆告知他们父亲陆羽已经去世，并答应为使茶道发扬光大，愿将《茶经》交付与他们。正当2人阅读《茶经》之时，皇太子突然出现争夺此书。在圣响与皇太子的打斗中，兰为了阻止他们受了致命的重伤。皇太子悔恨莫及，把自己的剑递给圣响，欲以命相抵。圣响却拿起剑剃光了自己的头发，从此成为一位在日本宣扬茶道的僧人……

　　该剧取材中国文化，以中国传统的"土木水火"4元素为主题分为3幕。创造性采用纸张、陶瓷等具有中国古代文化符号的器具作为乐器，在舞蹈中也融入戏曲身段、人偶等元素，打造了一台完全中国的歌剧。《茶》不仅为世界各主要歌剧院带来一股清新茶香，也让西方普通观众对中华5 000年的悠久文化多了一份感性接触。

第九章

评味毛尖

都匀毛尖跻身中国十大名茶和世博名茶绝非偶然，追根究底，它依托的是喀斯特原始森林荟萃的润绿，质朴的云贵高原少数民族性格蕴含的醇香，3 000年技艺精心制作的"雀舌"，最纯净的山水、最纯净的生态、最纯净的空气酿造的回甘。都匀毛尖与来自国家级风景名胜区的源头之水，与同为国家级非物质文化遗产的牙舟陶，共同演绎着一曲奇妙的"国家"交响曲。

第一节　鲜茶出篓蕙花香

品饮毛尖，在于"静"。高山峡谷、明月松间般的心境，才能够品得都匀毛尖的真味。

静坐松风品毛尖

都匀毛尖的香为无人工添加剂的自然香气。由杀青时的锅温决定，都匀毛尖的香型有清香、栗香和高火香3种。

❤ 黔南州瓮安县茶园机械化采摘

清香型以锅温200℃杀青，茶香中略带青草的“春味”。品嗅茶香，犹如漫步芳草绿茵，清风徐来，意蕴悠长。其难度在于把握草香和茶香的平衡，杀青稍不到位，草味重而茶味失；稍过，而特有的“春意”又丧失殆尽。

栗香型是锅温250℃的杰作，在历史上曾一度是都匀毛尖的代表性香型。栗香型即浓郁的茶香中真真切切地透着板栗的甜香。这是一种果实成熟的香气，是一种丰收的味道，萦绕的栗香中，金黄的田野、挞谷的声响，尽在其中。

在都匀毛尖的制作中，最难掌握的是高火香。在茶叶炒制过程中，锅温担负的不仅是蒸发茶青水分，还有激发茶青香气和茶味的重任。一般说，杀青时锅温越高，香气越充分，茶味越浓厚。高火香要求锅温到300℃以上，稍有疏忽，就会将茶炒煳。高火香是近十几年，应老茶客偏好生产出来的茶叶。

由于栗香和高火香炒制所需茶青较多，用时相对较长，目前在市场上，主要以清香型都匀毛尖为主。

无论哪一种香型，对都匀毛尖香气的评价都只有一个字：“正”。

所谓“正”，就是纯正，没有杂味、怪味和人为添加的非自然味；也是“中正”，浓淡恰到好处，无“过犹不及”。

因此，品饮都匀毛尖首先是采用干品和湿品2种方式品嗅其香。高手仅凭香气便知茶叶的小产地和炒茶师的功夫。

色是都匀毛尖的又一特点。与许多茶叶不同的是，都匀毛尖干茶和冲泡后的颜色有较大不同。干茶多呈墨绿、深绿，犹如云雾缭绕的青山，一经冲泡，即化为黄绿相间，所谓黄中带绿、绿中透黄，颜色有较大变化，是其他茶叶不具备的。

因此，品饮都匀毛尖也包含品鉴茶叶叶底变化在内。

都匀毛尖是茶叶手工整形的创始者。所谓整形是在杀青后，通过手的揉搓，利用掌心力量的变化，促使茶叶条索收紧并固定成鱼钩形。在冲泡后，茶叶的叶片将随水在杯中逐步展开，最终恢复原有的形态。这一过程，犹如百鸟朝凤，鹤舞鱼翔，美丽而壮观。

回甘是都匀毛尖茶最奇妙的滋味，那种鲜、嫩、香与回甘融为一体回旋的滋味妙不可言。

最能体现回甘的是野生老树茶。饮罢老树茶，喝一口白水都是甘甜滋味。

毛尖品类知多少

都匀毛尖以采摘季节分为春茶和夏秋茶。

旧时一般不采夏秋茶，近10多年来，受沿海一带影响夏秋茶逐渐兴起。用以制作红茶的春茶大多为一芽二叶。夏季雨水较多，茶叶水分重，多用以制作红茶，秋季温度、湿度适宜，多用以制作绿茶。夏秋茶多采摘一芽二叶，以提高产量增加收入。

都匀红茶也为近10多年兴起的品种，因使用机械采摘和机械加工，产量较高，目前已成为都匀部分规模较大的茶企的主打产品之一。都匀红茶有蜜香型、淡雅茶型、花果香型等。

莫友芝的《二月五日绳儿煮雪，试家山白茶，有怀息凡天津》一诗。是历史上关于黔南白茶的首次记载。从莫友芝的诗中可知，黔南至少在150多年前，就已有白茶的生产，而且品质非常高。

瓮安鑫产园茶业有限公司茶叶基地

现黔南白茶主要出产于瓮安县，为浙江引进品种黄金芽。黄金芽现已被列入国家科技支撑项目。该茶种已经引种到中国农业科学院茶叶研究所珍稀名茶种质资源圃。因黄金芽一年四季均为黄色，干茶亮黄，汤色明黄，味道鲜美，又贵如黄金而得名。黄金芽是珍稀白化茶树种质资源品种，是国内目前培育成的唯一黄色变异茶种。

第二节　品饮的艺术

都匀毛尖冲泡的16字诀

鲁迅曾说："有好茶喝，会喝好茶，是一种清福。不过要享这清福，首先就须有工夫，其次是练习出来的特别感觉。"

"高水温，多投茶，快出汤、茶水分离，不洗茶"，这16个字是都匀毛尖的冲泡口诀。

正如锅温的提升能够激发茶叶的香气，高水温也是为了增加茶的香气。

茶汤的鲜爽，来自氨基酸；茶汤中的苦涩，主要来自茶多酚。茶叶与热水相遇，率先释放出氨基酸，如果长期泡在水中，大量茶多酚会让茶汤苦涩。"快出汤、茶水分离"，就是按照氨基酸与茶多酚释放的特点，让二者分离，避开茶叶中的苦涩，让人们能够轻松地冲泡一杯鲜爽回甘的香茶。

"不洗茶"是唯有贵州茶才敢做的，源于对贵州土壤的自信。

都匀毛尖茶园在规划前，通常要经过土壤取样检测，从源头上杜绝重金属污染。都匀毛尖率先在全国提出全面禁用催芽素、草甘膦和水溶性农药吡虫啉、啶虫脒等农药，将茶园农药的禁用品种在国标16种的基础上提高到63种。

2018年，贵州省农产品质量监督检验测试中心抽检茶样660个，农药残留及重金属合格率100%，瓮安等9个县成功创建"国家级出口茶叶质量安全示范区"，占全国示范区总数的1/4；60家企业上线的贵州省茶叶质量安全云服务平台运行正常，121家企业录入贵州省农产品质量安全追溯系统。一部分产品已经达到欧洲标准，这就是黔南茶"不洗茶"的底气。

至于"多投茶"，那是因为都匀毛尖本身属于比较"清淡"的茶叶，又没有添加任何香味剂，要想其香气、滋味更加浓郁、甘爽、突出，多投茶是最简单的方法。

观形、察色、赏姿、闻香

观形：都匀毛尖干茶品种是否优良，制作是否精良，外形的品鉴是第一步，称为"观形"。

都匀毛尖干茶外形紧细卷曲，白毫满布，均匀整齐，色泽嫩绿，幽香阵阵。一经冲泡，透过清澈明亮的茶汤，观赏在杯中沉浮、旋转、舒展各不相同的茶芽美姿，及其色泽的明暗、叶底的老嫩、身骨的重轻、外形的粗细，进而欣赏茶汁的浸出、渗透和汤色的变化，犹如一道道不断变幻的美丽风景，高山茶味目先知。

此时的茶仙子，通常会请茶客通过杯中舒展的茶芽确认茶叶的等次级别。

察色：是品饮都匀毛尖的第二步，从茶色、汤色和底色3个方面去仔细观赏鉴别。

都匀毛尖，即使制作工艺相同，也会因茶树品种、生态环境、采摘季节和制作技艺的区别，在色泽上产生一定的差异。同样是细嫩高档毛尖，它的色泽也有绿润、嫩绿、翠绿之分。

都匀毛尖的色泽，能干看也可在冲泡后湿看。

一经冲泡，随着茶中可溶于水的内含物质的不断浸出，茶汤色泽，会由原来的绿润，慢慢演变成一种新的色彩，而给人愉悦的感受。

都匀毛尖的汤色主要是毛尖茶的内含物溶解于水后形成的色彩。不同批次、不同等级、不同产地的茶，其内含物含量和比例各不相同，茶汤色彩也会有明显区别。一般说来，凡属上乘的都匀毛尖，色泽尽管有所不同，但汤色明亮、有光泽却是一致的。

需要说明的是，由于茶汤中一些溶解于水的内含物质，与空气接触后会慢慢发生色变，所以观赏都匀毛尖茶汤色泽须在冲泡后及时进行。

都匀毛尖经冲泡去汤后，留下的叶底，欣赏时，除看叶底显现的色彩外，还

　　🌱　都匀毛尖茶冲泡

可观察叶底的老嫩、光糙、匀净等。有的茶人，还会用手指按叶底，感知其软硬、厚薄以及有无弹性，借以判断茶的品质。

　　大致说来，凡都匀毛尖经冲泡后，叶底嫩绿、匀净，手按富有弹性，均为特级高档都匀毛尖。

　　赏姿：都匀毛尖一经开水冲泡浸润后，芽叶就会慢慢舒展开来，并在盛器中展示出固有的姿态形状。这种茶映水、水纳茶的情景，在茶汤色彩的衬托下，会显得更加动人，人称"赏姿"。

　　在冲泡过程中，茶叶经吸水浸润而舒展后，或似春笋，或为麦粒，或如雀舌，或若兰花，或像黑菊，美丽动人，引人入胜。与此同时，茶叶还会因重力的作用，产生一种动感，犹如春兰绽放，映掩在杯水之中。

　　闻香：作为一种香型突出的绿茶，闻香是品都匀毛尖时不可缺少的一步。

　　都匀毛尖不但干茶能闻到特有的茶香，经开水冲泡后，也会随着茶汤的微雾或发清香，或发梅香，或发粟香，或发浓香，使人心旷神怡。更有甚者，有茶客冲泡后立即倾出茶汤，连杯带叶靠近鼻端，用深呼吸方式去识别都匀毛尖茶香的高低、纯浊及雅俗。这种闻香的感受，常人很难言传，只能用意去领悟。

闻香有热闻、温闻和冷闻之分。热闻以嗅茶香正常与否、类型如何，以及香气的高低；冷闻则用以判断香气的持久程度；而温闻重在鉴别茶香的雅与俗、优与次。

一般说来，高档都匀毛尖通常有清香鲜爽感，有粟香、梅香者更佳。

在观形、察色、赏姿、闻香之后，才是通常意义的品饮，称为"品鉴"。

一些品茶功夫较深的茶客，不但能品出茶的等级、优劣，还能品出其茶树品种、采摘季节、加工方法，区别出阴山（坡）茶与阳山茶、高山茶与平地茶、沙土茶与黄泥茶。一般认为，都匀毛尖茶汤滋味鲜醇爽口，是品质上乘最重要的标志。

都匀毛尖茶汤尝味，通常在冲泡后2～3分钟后立即进行。尝茶汤时，汤温掌握在50℃左右为宜。若温度太高，味觉会受到强烈刺激而变得麻木；温度太低，又会降低味觉的灵敏度。为了正确品评，在尝味前，最好不吃（吸）具有强烈刺激味觉的食物，如葱蒜、辣椒、糖果、烟酒等，以保持味觉不受外界干扰，能真正尝到都匀毛尖的本味。

Ψ　都匀毛尖茶仙子在展示茶艺

【延伸阅读】

最是那毛尖的香醇

茶的本性是诗画。在画中，茶属于山水画；在诗中，茶是"清泉石上流""采菊东篱下"。仔细品评，江浙一带的茶，你可以品到烟雨朦胧、素雅清丽的江南风光，看见田间小路上袅娜的茶女，听到一曲呢哝柔软的吴越采茶曲。那么，生于贵州而跻身于中国十大名茶的都匀毛尖又是怎样的一幅诗画呢？

一只透明雅致的玻璃茶杯放在你的面前，杯子里烟云缭绕，犹如在云雾中时隐时现、绵延不绝的青山，犹如跌宕起伏、流浪冲激的白水，犹如山林中偶尔的鸟啼和闪过的飞翅，恰到好处地渲染出主客彼此的殷情。

结实健壮的芽叶在杯子里沉沉浮浮、忙忙碌碌，你仿佛看见男男女女灵巧的手指，准确生动地表达着对生活的热情。他们嬉笑着，散发着青春的气息，在山野里蹦蹦跳跳；多情的山歌和山路一样蜿蜒曲折，钻进云雾中，流进心田里。

这样的诗画里，你很难用江浙茶或普洱茶的标准来评估它的风格，你只能深深感受写在这画中的两个字：纯朴。

山野的纯朴、青春的纯朴、人心的纯朴，都深深地浸润了都匀毛尖，就像那被森林屏蔽的山峦和水流，干净而美丽，成为都匀毛尖色香味形的基因。

茶色渐渐出来了，茶汤透明而绿中透黄，在明净中显示着生命的厚韵和青春的亮丽。香味出来了，浓淡相宜，你清晰地感受到一股醇和的茶香由舌下而至鼻息而至天灵，顿时，神清气爽的惬意便分明地写在你的脸上。同样醇和的茶汤缓缓流下，在身体每一处作温润的盘桓，你可以感觉到肺腑的每一个角落，连同每一个毛孔，都洋溢着醇香——纯正不带一点杂质、没有一丝刺激的醇和，绵长悠远不留半点缝隙的醇香。

对于都匀毛尖，在专家的口中，有一个字须臾不离——"鲜"。形状的鲜嫩，颜色的鲜绿，气味的鲜香，滋味的鲜浓，都以"鲜"为不可缺少的元素，成为都匀毛尖独特的品质特征。

所有的滋味，所有的特色，都只能在比较中显现，品茶与诗画鉴赏同理，如果没有甲乙丙丁的比较，很难获得天人合一的心领神会。可以告诉你的是，一旦品出了滋味，你会永远忘不了、也丢不下它的香醇。

第三节　为有源头活水来

茶生茶长离不开好水，泡茶更是需要好水。《茶经》说："其水，用山水上，江水中，井水下。"

黔南位于中国地形第二阶梯长江水系与珠江水系的分水岭地带，都匀、贵定、麻江3县交界的斗篷山即为长江水系与珠江水系的分水岭，是沅江、都柳江的源头。

黔南的山水是森林密布的山泉；江水，是沅江、都柳江的源头之水；即便是井水，也与一般意义的井水不同，是隐藏在喀斯特岩洞中伏流的地下水。这就是黔南水获得"中华第一泡茶好水"的缘由。

都匀市螺丝壳茶山（赵匀川　摄）

中华泡茶第一好水

"毛尖茶、云雾水"被称为黔南"双绝"。

被誉为"天下第一水"的黔南名水，是贵定云雾山里的山泉水。深藏于3 000米以下的碳酸盐地层，吸附时间长达1 500年以上，再经50年以上的深循环自然流出，因此甘洌清凉，透明如玉，堪称大自然的精华，经鉴定为低钠、低矿化度，含有人体必需的锶、锌、镁等14种微量元素，常饮可防治心血管疾病，延缓衰老，特别是对青少年智力发育、骨骼生长具有促进作用。

2007年，中国举办的国际茶博会进行了首次国际品茶斗水大赛，有中国、日本、韩国等150多家矿泉水生产企业参赛。斗水大赛经过冷评、热评、茶评等多轮角逐，产自苗岭山脉云雾山里的贵定"黔山秀水"牌天然矿泉水以总分第一，最终击败被唐代茶圣陆羽评定为"天下第一泉"的庐山谷帘泉，获得了"中华泡茶第一好水"的称号。

国家级评茶师黄伟评价说："一般矿泉水中微量元素锶的含量通常在每升0.2～0.6毫克之间，黔山秀水牌矿泉水中锶含量每升为1.4～2.41毫克，10倍于外省、外国。其弱碱性、矿化度低等特点，也都远超外地。"同样产自黔南茶叶主产区的贵定"纯露"牌天然矿泉水、贵定"东山泉"牌纯净水在这次大赛中也都获得优秀奖。在全国获奖的26个水品中，贵州就有11个，为全国之最。

黔南茶叶主产区的贵定黔山秀水牌天然矿泉水摘取桂冠并非偶然。

贵州有句人所周知的俗话："天无三日晴，地无三尺平，人无三分银"。旧时，这句俗语常常成为贵州气候、地理和贫穷的注解。但是，谁又能够想到，在生态经济新时代，它却成了绿色贵州、生态贵州最纯净的血液？

贵州年均1 400毫米的丰沛降雨量，在南方各省份并不算最多，但很少狂风暴雨，春夏秋冬四季均匀，将充沛的雨量发挥到极致，使得黔南终年云雾缭绕，溪河纵横，水源丰富。尤其是在跻身于中国100座名山之列的斗篷山和云雾山，常年竟然有200天笼罩在"浓得化不开"的云雾之中，远离了喀斯特地区令一切绿色生命心惊胆战的字眼——干旱。

"黄河之水天上来，奔流到海不复回"，李白大气磅礴的诗句在环保科学家们看来却是严重的水土流失。与那些来自西北的浑黄不同，均匀的雨量是贵州水的品质升华之本。细密的雨水一部分成为地表溪流，顺山而下，在悬崖峭壁上化作一瀑十八叠的素绸白缎悬空飞挂，诠释着"瀑布王国"的美丽；更多的雨水选择了另一条道路，从容地渗入泥土和石罅，经过重重过滤、沉淀，进入地下的另一个世界。

溶洞是贵州喀斯特地貌最常见的景观——无山不有洞，无洞不成山，所以贵州又被称为"溶洞王国"。渗入地下的雨水和高山森林收集的雾水以及来自地底的温泉渐渐汇聚，经过石罅来到了溶洞，在黑暗中形成了地下的水流。经过50年或者500年的循环往复，最终成为地表溪流的源头。在地下深处的沉淀和循环中，这些水一方面得到天然净化，一方面获取了丰富的矿物质，最终将它们这些优异的品质，注入黔南的绿茶中，成为种茶和泡茶的最佳用水。

古老的聪明井

儒家将井视为天地灵性之物——上接天上日月星辰，下通地下龙脉水宫。

独山是没有地表河的城市，但地下伏流众多，因而有许多泉井出现。独山城内家家户户有井、大街小巷有井，有人家床头有井、灶边有井；加上城外山村里、森林中、田坝里、山路边、古树下的古井，数以百计，故独山有"百井城"之称。

独山的井都有名字，其中较为有名的有紫泉井、城边井、桂花井、岩瓢井、擂钵井、煮茶井、聪明井等。每一个井，都有一个动人的故事。如铜鼓井，据说是夜郎王带兵过此而掘，用铜鼓盛水供练武的兵将用。老人说，每逢月白风清之夜，到铜鼓井来，用耳朵贴着井边静听，可听见夜郎士兵敲击铜鼓的声音。花鱼井有鱼，传说浑身长得花花绿绿的，在阳光下闪出迷人的光彩，据说是龙女喂养的宠物。

在独山众多的井中，最古老的是聪明井（又称文庙井）。

相传，东汉时，尹珍跋涉千里，到京师洛阳拜著名儒学大师、经学家许慎为师，研习五经文字。学成，于107年回归故里，手建草堂三楹，开馆教学，西南地区自此始有学校教育。

尹珍的学馆前有一口水井，尹珍每日从此井汲水煮茶、煮饭。在古代，文化人通常被人视为聪明人，于是传说喝此井水，人会变聪明。所以，此井被称为"聪明井"。

从东汉至今，相传进京赶考者行前要来聪明井取水煮茶，祈求金榜题名；今天有学生家长在孩子高考前也来聪明井取水为孩子沏茶，祈求高考成功。

"跪井"的创意

"跪井"是黔南留存下来的古井之一。

长顺的白云山相传是明朝建文帝出家修行避难之地，徐霞客曾为此到白云山拜谒，感慨不已。

跪井在山泉处的堡坎墙上，凿进一个3尺深、1人多高、3尺宽的拱门洞穴，用石料镶砌成一座甬道式水井，取水时必须跪下才能取出井中之水。

明初，朱元璋调派30万大军南征元朝残余势力，得胜后，为防止其死灰复燃，在长顺一带屯兵驻扎，至今这些屯兵的后人仍然自称"南京人"。建文帝逃难白云山，藏身祖父朱元璋旧部驻扎的区域。屯兵们大都知道寺庙方丈即为流亡的建文帝朱允炆，十分同情他，但又担心消息传出后被告发。他们挖空心思修建

❧ 黔南州长顺县跪井

138

了"跪井"，让香客们假借取水以跪姿向建文帝行跪拜之礼，避免给人口实。同时还建了一个"流米洞"，把他们送来的米放在洞中让朱允炆自己去取，说是洞中自然会流米。

"两江水"传奇

贵州黔南的最高峰——都匀斗篷山海拔1961米的山顶上，有一家茶馆叫"两江茶楼"。茶馆大门外挂着一幅著名书法家戴明贤先生题写的楹联，上联是"一山咫尺间"，下联是"两江千里外"，横批是"天外人生"。

茶馆内，除了一般的陈设外，很特别的是大厅的装饰背景墙。墙上是人称"鬼才"的工艺美术大师刘雍设计的两条石雕贵州龙，龙头喷吐着两股清清的泉水，石雕上一行朱漆红字，一边是"长江水"，一边是"珠江水"。

游客踏进茶馆，服务员首先问来客："请问您是用长江水，还是用珠江水？"

初时，人说茶馆老板口气太大，但看见茶馆墙壁上挂着的《斗篷山长江、珠江水系分水岭水势图》，不得不点头认可。

🌿 茶馆内景

原来，在位于2个水系之间的斗篷山东南侧、都匀摆忙的原始森林深处，有2处湍急的山溪。一处东流向下，直奔斗篷山正面，泻茶园河，入都匀，称剑江、马尾河，在凯里与重安江汇合，称清水江，进湖南称沅江，流入洞庭湖，由此进入长江；另一处从山背面流下，先西出而后折向南面，经摆忙称翁树河，过贵定称老棉河，入平塘称摆浪河、平里河，蜿蜒进入罗甸，在罗甸与广西天峨交界称摆金河，过广西，而后流进珠江。

如此，斗篷山不仅是两江分水岭，甚至可以说是长江和珠江的"分水点"了。在这里，天上落下一阵雨，一半流进长江，一半流进珠江。山顶刮起一阵风，风向偏东雨水落入长江，风向偏西雨水掉进珠江。一滴雨水在山上咫尺之间的改变，却决定了它们彼此间归宿的距离相差几千千米，成为中国一山两江水的奇景奇观。

茶馆投资人请来旅游策划人刘世杰、程新华为之策划，在斗篷山分水岭上将"长江水"和"珠江水"引入茶馆，创意了一座奇绝的"一馆两江水"茶楼。游客步入这个独一无二的茶馆，无不唏嘘感慨：人的际遇也常常像这样一滴雨水，一个小小的偶然，一阵微微的清风，就在不经意间影响、改变一生。

睹物思情，感叹人生，游客赞道："一馆两江水，奇观奇景——上茶！"

第四节　茶器的味道

按照中国的品茶传统，茶器也在"品饮"之列。

旧时冲泡多为茶罐，日常将茶罐放置在火塘边保持茶水温度，因此又称这种长时煎煮的茶水为"罐罐茶"。这种古朴的茶具是黔南人淳朴性格的另一种写照。

以国家级非物质文化遗产工艺牙舟陶制作的茶器是黔南最有名的茶具。

牙舟陶产于距平塘不足40千米的牙舟镇。

牙舟陶的制作历史最早可以追溯至明代洪武年间（1368—1398年）。明代初年，朱元璋为消灭盘踞在云南的元朝残余势力，调集30万大军屯守贵州，史称

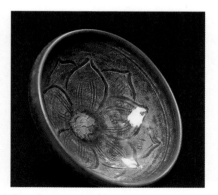

黔南州平塘县牙舟陶茶具（刘志胜／制作）

黔南州平塘县牙舟陶茶壶
（刘志胜／制作）

"调北征南"。在屯守队伍中，有一些是制陶艺人，他们来到平塘牙舟，在当地进行制陶生产，牙舟陶的历史由此开始。

牙舟陶的生产以小陶窑式的家庭作坊为主，清初已发展到40多座陶窑，其生产出的产品除在国内市场销售外，清末后还远销南洋及法国等地。

牙舟陶的生产初以原始爬坡窑烧柴为主，制作工艺从打土胚到制模上釉，全用手工操作，做工细腻，操作仔细，煅烧时间长，产品质量上乘。

新中国成立以后，在政府扶助下通过技术改革，牙舟陶煅烧改原始的爬坡窑为烧煤的推板窑，效率显著提高。在有关技术部门的协助下，牙舟陶在原有日用陶的基础上，推出100多个新的美术陶品种，增加绿、黄、紫等多种釉色，采用玻璃釉为基础釉，在烧制过程中加温至1 000℃以上，促使玻璃釉流淌效果更佳，加之在冷却过程中，产品表层自然裂变若干冰纹，使产品在保持原有古朴敦厚的造型基础上，形成更为深厚迷离、斑斓夺目的独特风格。

牙舟陶的产品多为生活用具及陈设品、动物玩具和祭祀器皿，其特点是造型自然古朴、线条简洁明快、色调淡雅和谐，具有浓重的神韵。牙舟陶色泽鲜艳、晶莹光润、神韵别致、富有浓厚的民族特色，在中国陶瓷界独树一帜，极具艺术

黔南州平塘县牙舟陶茶具组合（刘志胜／制作）

性、观赏性和收藏价值。

牙舟陶在设计上选择蜡染、刺绣、桃花图案，以浮雕的手法体现，富于装饰性，凡鱼、兽、虫、鸟等玩具，均色彩自然，玲珑剔透。

牙舟陶以生产茶壶、烟斗、盐辣罐、酸菜坛、土碗而著名，其生产的陶器贮存食物不易变质，茶壶伏天泡茶经久不馊，因此很受人喜爱。

2004年"牙舟陶制作工艺"获贵州省"非物质文化遗产保护"，2008年6月"牙舟陶制作工艺"被评为我国第二批国家级非物质文化遗产。

有人策划：将牙舟陶制成都匀毛尖的茶罐，雕刻上"水书"，让3个国家级非物质文化遗产相会与此，造出全国乃至世界都绝无仅有的三"国"演茶。

第十章

21世纪的腾飞

标志着21世纪开始的2000年，是都匀毛尖大发展的标志性年份。

随着"一带一路"倡议的提出和"互联网＋"的实施，都匀毛尖插上了腾飞的翅膀，茶园不断扩大，茶企不断增加，进入茶产业发展的最好时期。

第一节　21世纪新速度

2000年，黔南州政府成立州茶产业发展领导小组，负责茶产业发展相关工作。这是有史以来黔南第一个州级茶业管理、规划、指导和服务机构。次年，都匀市也成立了茶叶产业办公室。

针对困扰都匀毛尖茶产业发展的核心的问题，州、市提出了"组织化、绿色化、品牌化、茶文化、理念优化"五大战略和"强品牌，扩规模，造影响，拓市场，创效益"五项措施，指导都匀毛尖茶产业的发展。

2002年1月1日，经不懈努力，贵州省第一部强制性茶叶地方标准DB 52/433《都匀毛尖茶》出台并实施，以立法的形式规定了都匀毛尖茶的品质要求。同年，都匀市启动都匀毛尖原产地域产品保护申报工作。2005年，都匀毛尖证明商标成功获得。

伴随着质量标准、品牌建设和品牌保护一系列举措，都匀毛尖茶产业逐渐步入了发展的快车道。2005年8月19日农业部决定将都匀列入全国114个国家名茶基地名录，同时将都匀纳入国家茶叶发展规划。2013年4月，农业部把都匀市定为全国117个名茶基地县（市）之一。都匀市还被列为全国茶叶标准园示范基地、中央财政现代农业茶产业项目示范县。2007年，全州茶园面积10 673公顷，茶叶产量3 580吨，创历史新高。

2011年，时任中共中央政治局常委、中央书记处书记、国家副主席习近平到贵定县甘溪林场实地考察生态建设保护情况，作出"要在更高境界上做到绿水青山就是金山银山"的指示，将黔南茶业的发展推向一个新的高潮。

2012年，全州茶园面积37 083.90公顷，可采摘茶园16 091.80公顷，产量8 541.2吨。2013年全州茶园总面积达5.6万多公顷，产量首次突破万吨，为

10 840 吨。

2020 年全州投产茶园面积从 2015 年的 61.09 万亩发展到 124 万亩，净增 62.91 万亩，增长了 103%。全州先后有 5 万亩茶叶基地通过了有机茶认证，近 3 万亩茶叶基地通过绿色食品认证。通过科学规划，完善设施配套建设，推广绿色防控，不断加强对幼龄茶园的抚育和对老茶园的提质改造，共提质增效茶园 25 万亩，创建国家级出口茶叶质量安全示范区 10 万亩。

2020 年，全州茶叶总产量达到 4.79 万吨，比 2015 年的 2.09 万吨净增 2.7 万吨，净增长了 129%；产值 76.96 亿元，较 2015 年 33.46 亿元增长近 43.5 亿元，增长 130%。茶叶平均单价从 2015 年的 136.53 元／千克增长到 2020 年 175 元／千克，名优茶价格提升较快，均价从 2015 年的 600 元／千克提升到 2020 年的 1 300 元／千克，名优茶的开发，提升了全州茶叶均价，增长了农民种茶制茶的积极性，茶农增收明显，都匀摆忙乡、贵定云雾镇、平塘大塘镇等茶叶重点乡镇人均纯收入过万元。

茶叶品种结构调整明显，继续打造都匀毛尖本地种、贵定鸟王种、瓮安欧标茶等茶叶特色品种产业园区。贵定县通过不断加强与中国茶叶研究所等科研单位的技术合作，继续抓好鸟王种选育扩繁工作，建好鸟王种母本园，突出鸟王种比较优势，共完成商品育苗 80 亩和 13 个选育单株的扩繁工作。截至目前，贵定县栽种的鸟王种的面积约 26 万亩，占本地茶园面积的 92%。

茶叶产品结构调整显著，全州既重视名优绿茶的产量及质量，也重视大宗绿茶和夏秋茶的加工、销售，瓮安、贵定、三都等地大宗茶产量增长迅猛，实现夏秋茶占总产量的 60% 以上；州内红茶加工技术日益精湛，年产量达 0.87 万吨，比 2015 年增长 278%，部分企业基本实现了规模化生产。

2014 年全国两会期间，习近平总书记在参加贵州省代表团审议时指出，"对于都匀毛尖茶，希望你们把品牌打出去"。黔南州委、州政府始终牢记习近平总书记殷切嘱托，坚决按照贵州省委、省政府决策部署，牢牢守好发展和生态两条底线，聚焦"生态美、产业兴、百姓富"，奋力做大绿色产业，做强都匀毛尖茶品牌，促进脱贫增收，推动农业"接二连三"融合发展，走上规模化种植、标准化生产、品牌化销售、产业化富民的绿色发展之路。出台《创建都匀毛尖世博名茶知名品牌三年行动计划纲要》《地理标志保护产品都匀毛尖品牌管理办法》等政策文件，全州统一打造都匀毛尖品牌，修订发布《都匀毛尖茶综合标准化体系》，通过在中央电视台、京沪京广高铁等平台持续投放都匀毛尖广告，连续举办五届都匀毛尖（国际）茶人会，开展"一带一路"展销会、北上广深茶博会、线上带货直播等，在亚洲最大茶叶集散地的广州南方茶叶交易市场建立都匀毛尖南方运营中心，持续强力推进都匀毛尖品牌发展，厚植品牌知名度、美誉度。

2017年都匀毛尖被授予"中国十大茶叶区域公用品牌"称号。次年，浙江大学课题组在浙江新昌公布"2018中国茶叶区域公用品牌价值评估"，都匀毛尖以29.9亿元的品牌价值，首次进入中国茶叶区域公用品牌前10位，位列第9。同时，被评为"最具经营力品牌"。2019年1月19日举行的2018中国绿色农业发展

都匀市高寨水库茶园（王先宁　摄）

年会上，"都匀毛尖茶"从众多茶叶品牌中脱颖而出，荣获2018全国绿色农业十佳茶叶地标品牌，都匀毛尖成为黔南州最为著名的品牌，也成为黔南州名副其实的一大绿色支柱性产业。2020年都匀毛尖区域公共品牌价值提升到35.28亿元，继续位列中国茶叶区域公共品牌价值十强榜单。

第二节 中坚力量

都匀毛尖在21世纪的跨越式发展，得力于中国经济的飞速发展，得力于各级政府对茶叶产业的重视，也得力于各级龙头茶企的不懈努力与奋力拼搏。

1987年黔南州成立了第一家国有企业性质的公司——黔南州农垦农工商公司，出现了第一家私人企业性质的茶叶公司——苗岭茶庄。至2018年，黔南州共有涉茶企业1 300家，其中合作社437家。茶叶龙头企业128家，其中：国家级龙头企业1家、省级龙头企业32家、州级龙头企业42家、县级龙头企业53家。

贵州国品黔茶茶业股份有限公司是黔南首家茶产业集团。

贵州国品黔茶茶业股份有限公司成立于2007年，下属全资子公司有贵州国品黔茶茶业（连锁）经营有限公司、贵州经典名特优产品经营有限公司和贵州经典云雾茶业经营有限公司，是一家集茶叶种植、生产、加工、销售及技术开发服务于一体的中国茶业行业百强企业，国家级农业产业化经营重点龙头企业、省级扶贫龙头企业、省级科技创新企业；合作关联基地为国品黔茶专业合作社群（涉及都匀市、贵定县等贵州10个重点产茶县市）。

贵州经典云雾茶业有限责任公司下属贵定盘江观光茶博园和云雾茶叶生产基地，具有绿茶、红茶、乌龙茶加工生产线，年产量1 500吨、产值1.3亿元。

贵州经典云雾茶业有限责任公司荣获2008年第五届中国国际茶业博览会"金杯奖"、2009年第六届中国国际茶业博览会"金奖"、2009年第十六届上海国际茶文化节中国名茶评比"金奖"、2010年第八届国际名茶评比"金奖"、2010年世界绿茶"最高金奖"、2015年全省春茶斗茶赛手工茶类"金奖茶王"。

螺丝壳河头茶叶农民专业合作社是"国家农民专业合作社示范社"。

贵州贵台红制茶科技有限公司都匀茶叶基地（卢桃　摄）

河头茶叶农民专业合作社位于都匀毛尖主产地毛尖镇坪阳村河头组，成立于2008年5月13日。

河头茶叶农民专业合作社截至2014年，共有茶园5 422.94亩，其中通过有机茶认证面积600亩。社员346户，全部为坪阳村村民，覆盖人口1 500人。

合作社先后荣获国家农民专业合作社示范社，贵州省第六批农业产业化经营省级重点龙头企业，黔南州州级扶贫龙头企业，2010年至2013年连续三年荣获贵州省"守合同、重信用"单位，2011年都匀市先进专业合作社，2011年全国百佳农民专业合作社，都匀市先进龙头企业等荣誉称号。

都匀市十里茶香茶叶合作社是国家级非物质文化遗产传承人张子全拥有的茶企。

张子全自幼跟随长辈学习制茶，在10多岁就可以独立完成整个制茶过程，成为本地的制茶能手。炒出的茶叶在形、色、香、味上都要胜人一筹，成为都匀毛尖传统制作艺人中的翘楚。2013年，张子全被评为贵州省非物质文化遗产传承人，2018年被评为国家级非物质文化遗产传承人。

张子全现为都匀市十里茶香茶叶合作社法定代表人，合作社有茶园400多亩，生产车间820米^2，全年生产手工茶2 000千克，全年收入400万元。

贵州桔扬雨辰茶业有限公司是黔南州茶业龙头之一，也是贵州省农业产业化重点企业，为黔南首家大型白茶生产企业。

贵州桔扬雨辰茶业有限公司于2013年入驻瓮安县，台资占比40%。目前，已培植茶园1 652亩，并与农户合作茶园7 000余亩。

企业从台湾引进茶树品种，产品覆盖了低、中、高档茶叶市场。2018年消耗茶青8 550吨，产茶660吨，实现销售收入3 215.37万元，产品销售率100%。

第三节 欣欣向荣的星级茶馆与毛尖"地标"

由于总体经济水平不高，黔南茶馆的数量不多、规模不大、特色不强。但在进入21世纪后，黔南茶馆逐渐增多，各大酒店也纷纷设立茶吧、茶室，并涌现出一批特色鲜明的茶馆。

星级茶馆

在2017年都匀毛尖（国际）茶人会活动期间，进行了中国星级茶馆授牌仪式，全国共有17家茶馆被授予"星级"，其中二星、三星级5家，五星级12家。都匀市6家茶馆荣获星级称号，占全国星级茶馆的三分之一强。

毛尖"地标"

为强化都匀毛尖的推广，满足都匀毛尖文化博览、展示的需要，提升都匀毛尖的知名度和影响力，打造文旅产业融合，近年来，都匀兴建了一批都匀毛尖文化建筑设施，成为都匀毛尖新的建筑文化风景线。

中国茶文化博览园：中国茶文化博览园（茶博园）位于都匀市经济开发区，是一座以"都匀毛尖荣获巴拿马万国博览会金奖"为主题的茶文化建筑群，整体采用仿巴拿马万国博览会建筑风格。

茶博园占地面积123亩，建设规模居全国前列，其中包括"茶博园大门"

楼、"茶产品交易中心"楼、"八角塔"、"茶产品销售中心"楼、"茶文化体验中心"楼、"陈列馆"楼。区域周边设"茶文化广场""茶文化主题公园"等，整个茶文化园区按照国家ＡＡＡＡＡ级景区的标准进行建设，将其打造成集旅游参观、休闲娱乐、康体养生于一体的特色文化产业园。

茶博园规模宏大，全部建筑系木石结构。各色名目的楼馆亭塔巍然矗立，组成一个强大的建筑方阵，张扬着都匀毛尖辉煌的历史，也预示着黔南州富强与昌盛的未来。

世界首个以茶叶命名的影视城：2016年，大型电视连续剧《星火云雾街》开机，而它的拍摄地点，就是世界首个以茶为名的影视城——毛尖小镇。

毛尖小镇影视城位于茶博园附近，占地3.22万米^{2}投资4 600万元，是由原军工企业厂房改造而成。

影视城以清朝末年及民国时期的房屋建筑为主，多为四合院、小三合院等几十栋两层木结构楼阁，民国味道十分浓郁，是都匀旅游的必到之地。

中国茶文化博览园

【延伸阅读】

星 级 茶 馆

本善·茶空间、艺峰百子桥茶楼荣获五星级茶馆称号，布衣仙子茶馆、旭宝庭院、伯爵玉水茶楼、泊涟茶庄荣获三星级茶馆称号。

五星级茶馆本善·茶空间位于都匀市河滨路江城大厦2层202号，毗邻剑江，面积600多米²，有7个品茗包间和1个可容纳50人的茶文化会议厅。由师承台湾著名茶学教授范增平的申婕、雷若曦创办，有国家高级评茶员、国家高级茶艺师2人，中级茶艺师7人。茶馆曾获2017全国星级茶馆首届茶席大赛一等奖，2019年"五一"劳动节代表都匀毛尖在人民大会堂为全国100多位政协委员表演都匀毛尖茶艺。

五星级茶馆艺峰百子桥茶楼坐落于都匀百子桥上。百子桥茶楼的待客区分为左右两面，一面是7间独立雅室，一面是8个隔断雅间，入座雅室，可欣赏到剑江河上游斜桥、九龙寺等风景。茶楼内不仅进行茶水、茶叶销售，同时还有茶艺表演、主题茶会、相声专场等娱乐节目。

三星级茶馆旭宝庭院位于都匀市剑江南路1号，处于都匀市最大的室内开放式公园文峰园、南沙洲文化公园前方，占地面积约500米²。曾负责首届都匀毛尖（国际）茶人会外籍人士茶艺培训。

三星级茶馆布衣仙子茶馆位于都匀市贵和路帝景豪园C园2栋3号商铺，由国家高级评茶员、国家高级茶

苗族茶艺表演（黄驿伦　摄）

艺师、中国世博茶仙子称号获得者罗晓凤创办。

　　三星级茶馆伯爵玉水茶楼位于平塘县平舟镇新舟区伯爵玉水花园。茶楼环境清雅，布局大方。馆内经营的茶品种丰富多样。

　　三星级茶馆泊涟茶庄位于都匀市西苑碧涛苑11号。

第十一章

大型多彩茶事

自20世纪中后期，走向大市场、开展大推广、参与大竞争的理念成为黔南茶人的共识。从2007年开始，一系列大型茶事活动拉开帷幕：一年一度的茶文化节、一年一度的茶人会、惊动国内外的茶仙子海选。都匀毛尖内外兼修，在品牌建设和推广上下大力气，踏响了走出大山、走向世界的空谷跫音，在新时代的征途上散发出高山峡谷的馨香。

第一节　都匀毛尖茶文化节

2007年，都匀举办首届茶文化节，由此拉开都匀毛尖大型文化活动的帷幕。此后，每年举办一届，至2018年已举办12届。

2007年9月，在都匀毛尖镇举办第一届都匀茶文化节，当时名为"贵州省茶文化博览会"。次年4月在都匀人民广场举办第二届都匀茶节，定名都匀毛尖茶节。2011年4月，在都匀文峰公园，第五届都匀毛尖茶节更名为"都匀毛尖茶文化节"。

2012年，都匀市探索"走出去"到都市举办茶文化节，让更多的人了解都匀毛尖，参与黔南茶文化活动。组委会秉着"都匀毛尖"走向全国、走向世界的理念，将第六届茶文化节选定在上海召开，希望能让贵州都匀毛尖真正落户上海。

2012年4月，第六届都匀毛尖茶文化节在上海光大会展中心举办，并在上海城隍庙、南京东路人民公园设2个分会场。这是黔南茶文化活动首次走出黔南。

此次茶文化节从都匀毛尖100多个有机传统手工茶样中评选"万元毛尖茶"。最终从3万千克都匀毛尖中精选出300千克都匀毛尖特制珍品，以每500克万元的价格进行慈善认购，所得善款捐赠给贵州省黔南州都匀市王司镇五寨村苗族小学。

2013年6月，都匀毛尖茶文化节首度落户京城，在北京马连道茶城马连道茶叶产业聚集区举办第七届都匀毛尖茶文化节，并在北京老舍茶馆设分会场。

为实现茶旅融合，2014年，茶文化节返回都匀市，将重点放在打造文化活动亮点、吸引外地游客参与上。

2014年6月6日至9日都匀举办第八届茶文化节。在为期4天的活动中，"都匀毛尖茶杯"全国手工制茶大赛、"把都匀毛尖品牌打出去"座谈会、巴拿马万国博览会"都匀毛尖"金奖百年庆典倒计时启动仪式、2014年贵州省茶叶协会年会、黔南州斗茶比赛及茶叶包装设计大赛、百名将军书画展、全国艺术家赴都匀进行茶文化创作书画笔会、万人品茗、"茶山走红"艺术秀、百里毛尖长廊采茶祭茶圣等系列毛尖茶文化主题活动，如多彩画卷次第展开。

2016年后，都匀毛尖茶文化节均与都匀毛尖（国际）茶人会同步举行，活动也更加多姿多彩。2016年茶文化节期间，都匀分别在石板街、百子桥、西山桥、南沙洲举办"山水桥城·国茶之都"万人品茗活动；在螺丝壳毛尖茶山茶圣殿广场举办"最美茶乡·云上都匀"千人茶山歌会；在西山九龙寺举办"'都匀毛尖·养心禅茶'西山禅茶文化故事讲堂"；在都匀剧院举办"茶香都匀"文艺晚会；在都匀毛尖茶城举行"毛尖茶城·名品博览"活动，国内外100家知名茶企在茶城开展茶系列产品展示展销，为都匀茶产业作出卓越贡献的6位茶人及2015年评选的都匀毛尖10名茶仙子进行巡游等。

【延伸阅读】

香飘人民大会堂

2008年7月2日，由黔南州委、州政府主办的中国十大名茶"都匀毛尖"品牌推介会在北京人民大会堂举行。备受世人关注的全国十大名茶"都匀毛尖"，撩开它多年来"藏匿深山"的神秘面纱，引来京城众多茶商和媒体的高度关注。此次推介会是对弘扬黔南茶文化、繁荣黔南茶经济的一次有力助推。

推介会上，时任中国茶叶流通协会副会长王庆评价说，都匀毛尖是黔茶中的精品，以其绿色、生态、安全、健康的独特品质，将成为消费者追求的新潮流。当代茶文化作家叶羽晴川在业内有很高的知名度，他说，"都匀毛尖"口感和内质都不错，而贵州的相对落后，则代表了环保和绿色。只可惜这么多年来，贵州茶没有找到自己的定位和方向，宣传不够，以至"被人遗忘"。专做"中国十大

❧ 中国十大名茶——"都匀毛尖"品牌推介会

名茶"的晴天茗茶老总袁光辉坦言,"都匀毛尖"内含物丰富、香高气长、耐泡,其品质在绿茶中属上乘,他认为,有着优良的茶叶品质和响亮的金字招牌,却又欠开发,正好说明它的市场潜力很大,利润空间很大,对都匀毛尖很感兴趣。

【延伸阅读】

亮相北京老舍茶馆

瓜皮帽、布长衫,一条毛巾搭在肩,"里边请了您呐!""请您多包涵了您呐!"堂官京腔京味十足的吆喝声,透着一股纯正、一份亲切、一丝温馨。

2011年6月13日下午,黔南在享有"首都名片"美誉的老舍茶馆举办都匀毛尖"特制珍品"茶品鉴会,向公众展示都匀毛尖。同时,借助老舍茶馆这个茶界知名品牌,让世人知晓都匀毛尖的卓越品质,了解都匀毛尖的绿色生态和百年信誉,以品牌宣传品牌,以品牌提升品牌。当天,来自北京、浙江、湖南等地在中国茶界极具影响力的专家、学者相聚老舍茶馆,热品都匀毛尖,感受中国茶文化魅力。

湖南农业大学茶学系教授刘仲华认为,在越来越喧嚣繁杂的未来社会,都匀毛尖将会成为现代人远离疾病,追逐健康、时尚生活的最大卖点。

老舍茶馆有限公司董事长尹智君认为，都匀毛尖来自风光最美的地方，"绿色生态"是当今社会最好、最贵、最热门的卖点，相信都匀毛尖一定能为北京市民所喜爱。要让北京市民认识都匀毛尖，接受都匀毛尖，走"品牌带动品牌"的路子不失为一条捷径。她表示，将会从市场的角度对都匀毛尖进行考察，希望能将都匀毛尖这个"绿茶之珍"呈现给北京市民，呈现给世界人民。

【延伸阅读】

进军上海滩

2012年4月28日，第六届都匀毛尖茶文化节在上海市光大会展中心开幕。这是都匀毛尖进入上海世博会之后，再次在上海搭建舞台，将贵州的青山绿水、淳朴的民风和原生态茶叶展示、推介给上海市民。黔南将这一重大茶事活动地点选择在上海，看中的是上海浓郁的人文气息。同时，上海作为精神文明建设的优秀城市，在茶文化的推广及传承上拥有十分全面的市场。除了对茶文化的推介和展示，还在开幕式上慈善认购极品都匀毛尖，所得善款捐赠给都匀市王司镇五寨村苗族小学用于建设爱心食堂和图书室，这让此次茶文化节也更加有意义。节会期间，来自海内外的游客和上海市民涌入上海南京路人民公园、城隍庙豫园景区，争相品尝"都匀毛尖"。

第二节　都匀毛尖（国际）茶人会

2016年9月，在茶博园举办首届都匀毛尖（国际）茶人会。活动以"牵手茶人·拥抱世界"为主题，分别在都匀、独山、贵定、瓮安4县（市）举办系列分会场活动，有来自17个国家100多位茶界知名人士参加。

2017年6月在茶博园举办第二届都匀毛尖（国际）茶人会，农业部、国家质检总局分别向黔南州颁发了都匀毛尖茶农业部农产品地理标志证书和都匀毛尖国家地理标志产品保护示范区牌匾。联合国教科文组织前战略规划助理总干事、高级顾问、国际创意与可持续发展中心首席顾问汉斯·道维勒，联合国前高级经济

❥　2016都匀毛尖（国际）茶人会开幕式

❥　2017都匀毛尖（国际）茶人会上颁发都匀毛尖品牌国际推广大使聘书

师、文明对话音乐协会主席梅里·马达莎希，龙永图，比利时茶叶协会负责人罗纳德·胡平，法国茶叶协会秘书长胡嘉蒂，丹麦茶叶协会负责人阿莱克西斯·伊丽莎白等6位嘉宾受聘为都匀毛尖品牌国际推广大使。

2018年9月，以"都匀毛尖——荟茶·汇人·惠天下"为主题的2018都匀毛尖（国际）茶人会在都匀市启动，来自国内外的茶界知名专家学者、茶叶知名企业负责人、行

2018都匀毛尖（国际）茶人会开幕式现场

业协会负责人以及国际友人等相约贵州、共商茶事。来自中国19个茶区的170名"匠心茶人"获表彰。

第三节　中国史上首次茶仙子大赛

2015年7月，都匀毛尖茶仙子海选贵阳站在鸿通城展开角逐，前来参选的"仙子"们各施绝技，博得现场观众的一片片喝彩。最终，12名选手凭着出色的表现从评委手中摘得了晋级卡。

"仙子"们的晋级卡资格由5位评委和3位专家观察员来定夺。每位评委手中都有5张晋级卡，由于评委们的眼光挑剔，最终并未用完手中的直通权利。5位评委各自的观察角度不同，自然也在评审过程中产生意见分歧，常常为了选手的表现展开"舌战"，台上的表演精彩纷呈，评委席上的"战况"也异常激烈。

2015年8月，在经历了北京、上海、广州和贵阳四大城市的海选、复赛和半决赛的层层淘汰之后，由都匀毛尖世博名茶百年庆祝大会组委会主办、黔南州茶叶协会承办的都匀毛尖茶仙子国际选拔大赛终于决出颜艺俱佳的10名"茶仙子"。

8月15日晚，都匀毛尖茶仙子国际选拔大赛在"毛尖之都"都匀的南沙洲广场上举办了盛大的全国总决赛，10名选手在各环节对自身进行了充分展示，经过4轮激烈比拼，选手们终于决出胜负。

最终，在大众评审、媒体评审和5位专业评审的投票之下，胡重阳获得冠军，2名亚军分别是张玉涛和郑露莎，季军为金金、罗丽娅和张婉琪。艺峰人家、邢冬妮、IKA和Anna获得优秀奖。

【延伸阅读】

与茶相约·黔南市县关键词

中国毛尖茶之都——都匀市

城乡名片关键词：中国十大名茶——中国毛尖茶之都、都匀中国绿化博览园、中国茶文化博览园、都匀——高原桥城、都匀坐落在长江珠江分水岭上的城市。

温馨小贴士：

【地理位置】中国十大名茶·都匀毛尖茶原产地位于都匀的牛场、团山、螺丝壳等周边，距市区20千米。

【交通状况】柏油路通各茶园，有定点交通年，交通十分方便，2条高速公路、2条高速铁都通过都匀，由都匀到中国茶叶最大的销售市场广州只需4小时，都匀市地处贵阳机场、荔波机场之间。

【风味特产】中国十大名茶——都匀毛尖茶、天麻、杜仲、民族蜡染、民族银饰品、冲冲糕、太司饼、酸汤米粉、香辣铁板烧。

【周边景点】中国茶文化博览园、都匀中国绿化博览园、斗篷山国家级风景名胜区、汉唐影视城、螺丝壳毛尖茶体验区、螺丝壳高山草原牧马游、阳和大峡谷景观、毛尖风情小镇、明清古街——都匀石板街、文峰园古楼景区、东方"三线"建设博物馆、青云湖国家级森林公园、杉木湖中央公园、都匀国际足球小镇。

【特别提示】游茶园、品茶意、寻茶源，淡淡的茶香，清新而绵长。在这里一定要去中国绿博园喝一杯毛尖，享受绿茶人生；在云山雾海中游螺丝壳茶园；

在分水岭上的两江茶楼，一杯毛尖，不见不散；在茶博园观摩极具特色的黔南茶艺。

中国皇家"贡茶"之乡——贵定县

城乡名片关键词："中国苗岭贡茶之乡"、中国唯一的贡茶碑、中国唯一的阳宝山石塔林、1个乡5个火车站——世界铁路史上的奇观。

温馨小贴士：

【**地理位置**】贵定云雾皇家"贡茶"园，位于贵定县云雾镇，距县城35千米。皇家"贡茶"园地处苗岭山脉中段，最高海拔1 961米。

【**交通状况**】321国道过境，茶区都通柏油路，茶区距离贵广、厦蓉高速铁路、高速公路15千米。

【**风味特产**】云雾贡茶、阳宝山佛茶、野生百合粉、苗姑娘香辣系列食品、蕨菜系列、定东魔芋、天泷刺梨系列、盘江酥李、盘江狗肉。

【**周边景点**】云雾茶乡体验区、天泷刺梨港生态旅游区、音寨"金海雪山"农家乐、四季花谷旅游度假区、阳宝山佛教文化旅游区、云雾水晶石林、洛北河漂流、新铺苗族风情、定东1个乡5个火车站的交通奇观、岩下野生娃娃鱼保护区。

【**特别提示**】观云雾山皇家"贡茶"园一定要品饮"老佛爷——慈禧御茶"，到布依、苗寨喝"鼎罐茶""姜盐米花茶"等古老的民族茶饮，别有一番风味。

道教圣地——福泉市

城乡名片关键词：亚洲磷矿之都、夜郎国唯一的城池遗址、道教圣地——福泉山、古城古桥博物馆。

温馨小贴士：

【**地理位置**】福泉古城文化旅游区、道教圣地福泉山、道家茶道、福泉古城、葛镜桥（豆腐桥）、夜郎古城"竹王城"、亚洲磷矿之都总部距市区15千米。

【**交通状况**】321国道、贵新高速公路过境，道家茶园都通柏油路。

【**风味特产**】道家福茶、道家餐饮、泉酒、香米、金谷福梨、白魔芋丝、荷香糯米鸭。

【周边景点】福泉古城文化旅游区、洒金峡谷风景名胜区、道教圣地——福泉山（沈万三衣冠冢）、夜郎古城"竹王城"遗址、国家重点文物保护单位——葛镜桥（豆腐桥）、国家重点文物保护单位——福泉古城、世界之最——古银杏树、中国之最——茶花王、蛤蚌河景区、黄丝旅游度假区、双谷生态体育公园、福泉石林、亚洲磷矿之都——瓮福化工基地。

【特别提示】到古城一定要去中国道教圣地福泉山饮品道家茶，一定要去参观亚洲磷矿之都的现代工厂，观看被称为中国戏剧活化石的阳戏，这是远古与现代的结合。福泉的泉酒、魔芋粉等都是上等佳品，可做馈赠佳品相送。

瓮安县——革命老区

城乡名片关键词：地球生命的起源地——"贵州小春虫"古化石的故乡、革命老区、全国爱国主义教育基地——猴场会议会址、贵州第一大白茶基地。

温馨小贴士：

【地理位置】天然保肝茶生产基地青山茶场距县城9千米、雾海欧标茶庄旅游区距县城30千米、岚关十里白茶体验区距县城20千米。

【交通状况】柏油路通茶园与猴场会议会址（千年古邑），突破乌江战斗遗址、"小春虫"古化石考察点有交通车，马场坪至瓮安、瓮安至贵阳均通高速公路。

【风味特产】青山保肝茶、苗岭欧标茶、黄金芽茶叶、瓮安虫茶、天麻、黄糍粑、松花皮蛋、石磨玉带干粉、泡酸辣食品系列、豌豆凉粉、辣鸡粉等。

【周边景点】草塘猴场会议会址、草塘千年古邑旅游区、红军强渡乌江战斗遗址、世界之最——江界河大桥、红色特工冷少农故居、朱家山国家森林公园、玉华"小春虫"古化石考察点、中国十大天然水帘洞——穿洞河水帘洞景区、雾海欧标茶庄旅游区、岚关十里白茶体验区。

【特别提示】贵州是中国革命伟大转折点，是红军的福地、圣地。在瓮安一定要参观遵义会议的预备会猴场会议会址和红军强渡乌江遗址。瓮安千年古邑充满了昔与今的传奇，这里的亭台楼阁、土司古衙、会馆祠堂、名人故居、门墙客栈都写满了故事。

龙里县——中国苗药城

城乡名片关键词: 中国苗药城、都市"后花园"刺梨之乡、玛格诺吉——贵州高原上的草原胜地。

温馨小贴士:

【地理位置】卧云谷茶园、古老膏茶作坊王寨距县城30千米。

【交通状况】柏油路通茶园,高速公路、高速铁路都由境内通过,交通方便。

【周边景点】油画大草原旅游区、猴子沟国家风景名胜区、龙架山国家森林公园、中铁国际旅游体育度假中心、中铁双龙镇/巫山峡谷、十里刺梨沟、湾滩河孔雀寨民族风情、龙里苗药工业游。

【特别提示】在玛格诺吉草原牧马后,一定要去苗寨品饮中国最古老的"速溶茶""苗家膏茶",将会把你带入那古老幽远的膏茶制作时代。

惠水县——中国民歌之乡

城乡名片关键词: 布依族代表歌曲《好花红》的故乡、中国黑糯米之乡、金钱橘之乡、世界最大的燕子洞。

温馨小贴士:

【地理位置】摆金茶园、林旺茶园、九龙山茶园、金丝名米基地、金钱橘基地距县城20千米。

【交通状况】柏油路通茶园及生产基地,有定点交通,101、309省道及高速公路通过境内,交通方便。

【周边景点】好花红乡村旅游区、十里涟江公园、九龙山景区、野梅岭国家森林公园、国际爱燕基地——羡塘燕子洞、百鸟河旅游景区等。

【特别提示】九龙茶、黄豆鸡、泡椒链江鱼、惠水黄焖马肉、"牛头牌"牛肉干、中国名米——金丝大米、惠水黑糯米、枫香染、苗族刀具是品饮和购买的佳品。

独山县——中国名茶之乡

城乡名片关键词: 建立在古海上的城市、"中国最佳素菜"之乡、中国的花灯彩调之乡、独山——百井之城。

温馨小贴士：

【地理位置】 独山高寨茶园、静心茶园、甲定茶园距县城20千米。

【交通状况】 柏油路通茶园，贵新高速公路、黔桂铁路通过境内。

【周边景点】 天洞地下世界景区、深河桥抗战文化景区、净心谷宗教文化旅游区、翠泉国家森林公园、奎文阁国学教育景区、甲缝岩峡谷景区等。

【特别提示】 到这里一定听听花灯彩调，品尝"独山盐酸"泡菜，获联合国杰出徽章的独山布依族的工艺品"祥云神虎"，这些都是馈赠的最佳礼品。

三都县——中国唯一的水族自治县

城乡名片关键词： 中国唯一的水族自治县、自然奇迹最多的地方、当今唯一存活的古代象形文字"水书"之乡、甜茶之乡、凤凰羽毛一样美丽的地方。

温馨小贴士：

【地理位置】 中国之最——都江怎雅古茶树林、三都甜茶园距县城20千米。

【交通状况】 柏油路通往古茶园，厦蓉高速公路、高速铁路通过境内。

【周边景点】 中国原生态村落——姑鲁寨产蛋崖AAA景区、尧人山国家森林公园、黔南之最——排烧苗寨风情、中国传统村落——怎雷水族历史文化村、水各水族卯节文化风情园、亘姆苗族蜡染文创园、都柳江风景名胜区等。

【特别提示】 三都是一片古老而充满神奇色彩的土地。这里小草会跳舞，这里的山崖会下蛋，用马尾绣花，用韭菜包鱼。你想品味古老的水族文化，到水寨木楼的火塘旁边喝着喷香美味的甜茶，祥和的水家老人会读着甲骨文式的"水书"向您娓娓讲述水族人那一个个远古的故事。

平塘县——探索太空奥秘的基地

城乡名片关键词： 观天入地的神秘平塘、探索太空奥秘的基地——中国天眼、地质奇观"藏字石"、世界之最——打黛河天坑。

温馨小贴士：

【地理位置】 春茶第一壶茶场距县城30多千米。

【交通状况】 柏油路通往茶场，有定点交通车，全县村村通公路。

【周边景点】 贵州王牌景区——中国天眼科普旅游区、平塘天文小镇、国家

AAAA级景区掌布国家地质公园（地质奇观"藏字石"）、甲茶山水旅游区、世界之最——打黛河天坑、世界之最——甲青冰臼群、世界之最——平塘特大桥、毛南族风情旅游点等。

【特别提示】这里是地球上天坑群最密集的地方，这里是世界上最大的射电天文望远镜最温暖的家。

罗甸县——中国的宝石之乡

城乡名片关键词：革命老区、亚洲之最——罗甸玉、红河奇石之乡、"天然温室"、大贵州滩核心地、冬茶之乡。

温馨小贴士：

【地理位置】上隆大叶茶场、冬茶茶场距离县城30千米。

【交通状况】柏油路通往茶场，有定点交通车，十分方便。

【周边景点】贵州第一个党支部所在地、云贵高原之最的罗甸红水河水电站、高原千岛湖休闲度假区、国家AAA级景区——天眼驿站、地质奇观大小井、打黛河天坑、三叠纪板庚大贵州滩。

【特别提示】荡舟罗甸高原千岛湖，品尝红河鱼，在红土地上，用红河水煮红河鱼，在火红的木棉花下品尝，这种火红的滋味令人神往。罗甸是我国的宝石之乡，这里的罗甸玉、水晶石、猫眼宝石是馈赠情人的佳品，别忘了在这里一定要用罗甸玉杯和水晶杯品饮一杯罗甸上隆的红茶。

长顺县——中国屯堡地戏之乡

城乡名片关键词：黔南屯堡文化景观、明建文帝避难地、马路地戏——中国戏剧的活化石

温馨小贴士：

【地理位置】广顺茶场距离县城20千米。

【交通状况】柏油路通往茶场，有定点交通车。

【周边景点】国家AAA级景区杜鹃湖景区、凤凰坝乡村休闲度假旅游区、白云山景区、马路600年屯堡文化景区、潮起潮落的神泉谷景区。

【特别提示】到长顺一定要去马路乡屯堡人家，看600年前江南生活，品

600年前江南茶俗，领略大明遗风。

荔波县——世界自然遗产地

城乡名片关键词：革命老区、中共一大代表邓恩铭的故乡、世界自然遗产地、贵州王牌景区荔波樟江风景名胜区、中国十大最美森林。

温馨小贴士：

【地理位置】甲良梅桃茶园、茂兰中国最大一片古茶树群落园距离县城30千米。

【交通状况】荔波有高速公路、高速铁路、飞机场，交通十分方便。

【周边景点】贵州王牌景区樟江国家级风景名胜区、茂兰国家级自然保护区、茂兰——中国最美的森林、中共一大代表邓恩铭故居、茂兰必达森林景区、国家AAA级景区荔波古镇、月亮山大土苗寨风情、瑶山古寨瑶族风情。

【特别提示】荔波太古老了，以致迎面飞来的一只蝴蝶都是恐龙的恋人，随便踩到一株小草都是恐龙餐桌上的食物。走进绝世的喀斯特，有句话儿要交代，这里百花虽盛开，路边的野花你不要采，留下你的脚印、带走你的照片。